国家自然科学基金项目（41602114，42172130）资助

# 黄河三角洲现代生物遗迹研究

王媛媛 / 著

HUANGHE SANJIAOZHOU XIANDAI SHENGWU YIJI YANJIU

中国矿业大学出版社

·徐州·

## 内 容 提 要

本书运用精细的沉积学和遗迹学方法,全面系统研究了黄河三角洲现代生物遗迹的宏观和微观形貌、行为生态学、组成与分布特征,类比研究了典型现代生物遗迹与相似古遗迹,揭示了黄河三角洲现代生物遗迹与其沉积环境(如能量条件、底层性质、沉积速率、含氧量、盐度等)的响应关系。本书研究成果可完善和补充该地区已有的现代沉积学资料,为精细阐明河控三角洲相关遗迹化石属性以及重建和识别古河控三角洲沉积环境提供现代遗迹学依据。

本书可供从事遗迹学、生态学和沉积学研究的高校教师和科研院所相关人员参考。

**图书在版编目(CIP)数据**

黄河三角洲现代生物遗迹研究/王媛媛著. 一徐州:
中国矿业大学出版社,2022.12
ISBN 978 - 7 - 5646 - 5621 - 8

Ⅰ. ①黄… Ⅱ. ①王… Ⅲ. ①黄河－三角洲－沉积学
一研究 Ⅳ. ①P942.77

中国版本图书馆 CIP 数据核字(2022)第 212949 号

| | | |
|---|---|---|
| 书　　名 | 黄河三角洲现代生物遗迹研究 | |
| 著　　者 | 王媛媛 | |
| 责任编辑 | 潘俊成 | |
| 出版发行 | 中国矿业大学出版社有限责任公司 | |
| | (江苏省徐州市解放南路　邮编 221008) | |
| 营销热线 | (0516)83884103　83885105 | |
| 出版服务 | (0516)83995789　83884920 | |
| 网　　址 | http://www.cumtp.com　**E-mail**:cumtpvip@cumtp.com | |
| 印　　刷 | 苏州市古得堡数码印刷有限公司 | |
| 开　　本 | 787 mm×1092 mm　1/16　**印张** 9.5　**字数** 243 千字 | |
| 版次印次 | 2022 年 12 月第 1 版　2022 年 12 月第 1 次印刷 | |
| 定　　价 | 55.00 元 | |

(图书出现印装质量问题,本社负责调换)

# 前　　言

　　三角洲是河流与受水盆地共同作用的产物，受河流、潮汐、波浪、构造和气候等因素的影响，具有复杂的地层组合和沉积特征，是一类非常重要的沉积相。我国很多油田，如大庆油田、胜利油田、长庆油气田、新疆油田等，其三角洲砂体都是主力油气产层，可见三角洲是油气聚集的重要场所。前人的研究主要强调了三角洲沉积的物理学特征，忽略了其生物学特征。生物对环境的反应是极其敏感的。环境因素，如能量条件、底层性质、沉积速率、含氧量、盐度及其他物理化学特征都会影响生物的组成与分布。遗迹学，研究的是现代和古代的生物遗迹，它基于可分析生物成因的沉积构造，主要强调生物和环境的相互作用，至今已有二百多年的研究历史，对沉积环境鉴定和解释有不可替代的作用。

　　本书总结了自 20 世纪 60 年代以来现代生物遗迹的研究简史，尤其总结了古三角洲遗迹学和现代三角洲遗迹学的研究简史以及三角洲遗迹学的主要成果、研究进展及研究方法。本书选择黄河三角洲平原和三角洲前缘的现代生物遗迹进行研究，观察和记录常见现代生物遗迹的种类、形貌特征、造迹生物及其造迹过程；以螃蟹和沙蚕的三维重构图像为例，与类似的遗迹化石进行对比分析，总结现代生物遗迹群落特征，并分析其与沉积环境及生态环境的关系。本书主要取得了以下 4 个方面的成果。

　　① 详细描述了黄河三角洲（前三角洲除外）的现代生物遗迹，其造迹生物包括：黄河三角洲平原中的泥甲虫、蝼蛄、红线虫等；黄河三角洲前缘中的日本大眼蟹、双齿围沙蚕、泥螺、弹涂鱼、鸟类、托氏昌螺、豆形拳蟹等。

　　② 总结了黄河三角洲平原和黄河三角洲前缘沉积环境中的现代生物遗迹群落，分别是：a. 淡水沉积环境的泥甲虫与红线虫觅食迹遗迹群落；b. 半咸水沉积环境的日本大眼蟹觅食迹和爬行迹以及泥螺觅食迹遗迹群落；c. 潮汐控制的咸水砂泥质沉积环境的双齿围沙蚕爬行迹和居住潜穴以及四角蛤潜穴遗迹群落。

③ 现代生物遗迹群落的分布受沉积物粒度、暴露时间、盐度和水动力状况的共同影响。

④ 三维重构典型潜穴图像并将其与类似的遗迹化石进行对比,为造迹过程的还原和沉积环境的重塑提供了现实依据。

本书中黄河三角洲现代生物遗迹研究成果可完善和补充黄河三角洲已有的现代沉积学资料。在应用上,本书可为我国三角洲砂体储集层勘探和油气远景评价等提供重要的生物学信息,从而完善沉积相研究体系。该研究成果无论是对我国遗迹学理论的发展,还是对矿产勘探的实际应用都可起到重要的推动作用。

本书的撰写参考了大量文献,文献引用难免存在疏漏之处,敬请原作者给予谅解。

本书出版得到了国家自然科学基金项目的资助以及河南理工大学资源环境学院领导和专家的帮助。笔者研究生王学芹、王翠、勾松林、王晓波等参与了野外考察和室内实验工作。本书撰写内容得到了中国科学院南京地质古生物研究所、中国石油化工股份有限公司胜利油田分公司勘探开发研究院相关专家的帮助,在此一并表示感谢。

由于作者水平所限,书中难免存在不足之处,敬请读者指正。

**著　者**

2022 年 9 月

# 目　　录

第一章　三角洲遗迹学研究现状 ……………………………………………………… 1
　　第一节　现代生物遗迹的研究内容 …………………………………………… 1
　　第二节　三角洲遗迹学的研究内容 …………………………………………… 14

第二章　现代生物遗迹的命名与分类 ……………………………………………… 18
　　第一节　遗迹化石的命名及分类 ……………………………………………… 18
　　第二节　现代生物遗迹的命名 ………………………………………………… 20

第三章　黄河三角洲平原现代生物遗迹特征 ……………………………………… 21
　　第一节　黄河三角洲平原地理及沉积特征 …………………………………… 21
　　第二节　黄河三角洲平原现代生物遗迹形态特征 …………………………… 23
　　第三节　黄河三角洲平原生物遗迹群落 ……………………………………… 25

第四章　黄河三角洲前缘现代生物遗迹特征 ……………………………………… 27
　　第一节　黄河三角洲前缘地理及沉积特征 …………………………………… 27
　　第二节　黄河三角洲前缘现代生物遗迹形态特征 …………………………… 28
　　第三节　黄河三角洲前缘生物遗迹群落 ……………………………………… 40

第五章　黄河三角洲潮坪现代生物遗迹特征 ……………………………………… 43
　　第一节　黄河三角洲潮坪地理及沉积特征 …………………………………… 43
　　第二节　黄河三角洲潮坪现代生物遗迹形态特征 …………………………… 50

第六章　黄河下游典型现代生物遗迹微观特征 …………………………………… 59
　　第一节　材料与分析方法 ……………………………………………………… 59
　　第二节　鞘翅目泥甲虫层面觅食潜穴的微观特征 …………………………… 59
　　第三节　直翅目蝼蛄层面觅食潜穴的微观特征 ……………………………… 63

**第七章 典型现代生物遗迹三维形态特征** ············ 70
  第一节 沙蚕潜穴 ············ 70
  第二节 螃蟹潜穴 ············ 73

**第八章 典型现代生物遗迹与古遗迹化石及古沉积环境的对比** ············ 77
  第一节 沙蚕潜穴现代三维重构特征及与 *Polykladichnus* 的对比 ············ 77
  第二节 螃蟹潜穴现代三维重构特征及与 *Psilonichnus* 的对比 ············ 79
  第三节 黄河下游现代生物遗迹群落与相似古生物遗迹群落的对比 ············ 82
  第四节 黄河三角洲现代生物遗迹与古河控三角洲沉积中遗迹化石的对比 ············ 89

**第九章 黄河三角洲现代生物遗迹群落分布特征及影响因素** ············ 91
  第一节 似 *Steinichnus-Skolithos* 现代生物遗迹群落 ············ 91
  第二节 似 *Isopodichnus-Gordia* 现代生物遗迹群落 ············ 92
  第三节 似 *Permichnium-Conostichnus* 现代生物遗迹群落 ············ 93
  第四节 似 *Steinichnus-Diplichnites* 现代生物遗迹群落 ············ 93
  第五节 似 *Palaeophycus-Asterosoma* 现代生物遗迹群落 ············ 94
  第六节 黄河三角洲现代生物遗迹群落模式及其与沉积环境和生态环境的关系 ············ 95

**第十章 黄河三角洲现代生物遗迹与现代沉积环境的响应关系** ············ 98
  第一节 浑浊度与生物遗迹分布的关系 ············ 98
  第二节 盐度与生物遗迹分布的关系 ············ 99
  第三节 水动力、粒度、沉积速率及 TOC 与生物遗迹分布的关系 ············ 100
  第四节 对古潮坪遗迹学和古潮坪沉积环境的启示 ············ 101

**参考文献** ············ 102

# 第一章　三角洲遗迹学研究现状

## 第一节　现代生物遗迹的研究内容

### 一、现代生物遗迹的研究简史

现代生物遗迹的研究已有 200 多年的历史,其整个发展过程大致可以划分为启蒙研究阶段(20 世纪 60 年代以前)、拓展研究阶段(20 世纪 70—90 年代)和系统研究阶段(2000 年至今)。

#### (一)现代生物遗迹的启蒙研究阶段

现代生物遗迹的研究可以追溯到 18 世纪 50 年代,这一般被认为是现代生物遗迹研究的最初发展时期。早期德国学者 Schafer 观察和描述了北海和波罗的海底栖生物的生物遗迹,这也被认为是现代生物遗迹研究的开始。后来一些学者如 Nathorst、Seilacher、Reineck、Dorjes 以及 Hertweck 等,基于对现代生物造迹的观察和分析,形成了生物遗迹学研究的基本思路和总体框架,从而推动和促进了生物遗迹学的发展。

Dawson(1862)研究过现代海洋中造迹生物鲎(马蹄铁蟹)的足迹,并与遗迹化石 *Protichnites* 进行了相似性分析。瑞典古植物学家 Nathorst(1873,1881)在德国开展了无脊椎现代遗迹学实验研究。他于 1873 年发表文章,描述了蠕虫是如何造出具有分支且类似于藻类的遗迹;在 1881 年用实验方法观察现代无脊椎动物造迹过程,并将其与遗迹化石进行比较,从而澄清了生物遗迹和藻类化石,结束了遗迹学研究的疑藻时代。

自 1920 年代中期至 1960 年代中期,可称为遗迹学的实证生物学时期或称遗迹学的奠基时期。这一时期遗迹学的巨大进展主要集中在德国。早在 20 世纪 20—30 年代,德国许多学者做了大量遗迹学的研究工作。德国科学家 Richter 可谓这一时期的代表人物,他建立了首个海洋地质研究所,通过古今对比的方式研究沉积作用和遗迹化石,并致力于实证地质学及实证古生物学的研究。他在研究北海潮坪海洋生物学和生态学的过程中,对现代生物成因的沉积构造以及未固结沉积物和古代岩石中的遗迹化石做了一系列重要的观察,描述记录了多种类型的生物遗迹。Richter(1920)在德国西北部瓦登海潮坪环境中观察记录了多种类型的生物遗迹,发现现代生物 *Sabellaria*(帚毛虫,属环节动物多毛纲)在珊瑚礁上或贝壳的钙质中造钻孔生活时的遗迹很像遗迹化石 *Skolithos*,而遗迹化石 *Ophiomorpha*

与甲壳类美人虾的造迹非常相像。这一时期，Richter 的研究内容主要包括 3 个方面：① 近代和古代蠕虫类拖迹和潜穴的调查；② 现代生物遗迹与古代遗迹化石的比较分析，并阐明遗迹化石对古地理解释的作用；③ 通过对现代生物遗迹的观察研究解释了许多疑问化石。

Richter 等学者极好地完成了对德国西北部海岸的海洋实验研究工作，成功地使用均变主义的观点论述了他们在现代北海潮坪上的发现与化石记录中疑难构造间的关系，并把 U 形管解释为蠕虫动物造的居住潜穴。德国图宾根大学 Seilacher 教授于 1949 年开始在瓦登海威悉河河口湾梅卢姆岛研究现代生物遗迹（Seilacher，1951），如蠕虫（*Lanice conchilega*）造的潜穴等，为他的遗迹化石生态学分类打下了基础。Seilacher（1953a，1953b）的两篇文章详细描述了造迹生物的造迹过程，阐述了遗迹化石对地质学领域的作用，提出生物行为习性和沉积保存两种分类方案，使人们可以在无法弄清造迹动物种类的情况下来确定它的习性特征，这在遗迹学行为习性分类发展上具有里程碑意义。其间，Reineck 以地质学家的身份于 1954 年加入了该海洋研究所，主要研究瓦登海的现代沉积及生物遗迹，并发表了多篇关于现代生物遗迹的文章（如 Reineck，1967，1968）。Teal 等（1958）年研究美国佐治亚州盐沼中招潮蟹的潜穴后认为，潜穴活动和造成的潜穴特点受沉积底层很多性质的影响，包括沉积物粒度、孔隙水氧含量、有机物含量、盐度、植被覆盖率和沉积物稳定性。1962 年，美国期刊还报导了西南太平洋克马德克海沟中发现了现代深海螺旋形遗迹（Gage，2005）。李嘉泳（1962）在我国最先研究了胶州湾潮间带内底栖生物的行为习性特征，对观察到的造迹生物逐一进行了描述。

Seilacher（1954，1964）基于对现代海洋生物遗迹的观察和遗迹化石的研究，发现造迹生物的分布与很多控制因素（如水深、底层性质等）有关。后来他根据遗迹的保存、造迹生物的行为习性和沉积背景的综合分析，提出了遗迹相的概念，建立了遗迹相的基本原则，并建立了最初的 *Skolithos*、*Cruziana*、*Zoophycos*、*Nereites*、*Glossifungites* 和 *Scoyenia* 等 6 个遗迹相。到 1960 年代，遗迹学开始被全世界关注并作为一个重要的科研领域在全世界兴起。这一时期，Seilacher 教授发表了多篇遗迹学论文，被认为是里程碑式的光辉著作。

到 1960 年代末期，一些学者开始进行其他海湾地区现代生物遗迹的调查工作，如有些学者考察了美国马萨诸塞州巴恩斯特布港湾和巴泽兹湾潮间带和潮下带沉积物中的生物成因构造（Rhoads，1967）、日本北海道海湾甲壳类动物的潜穴（Ohshima，1967）、美国北卡罗来纳州博福特附近一些常见海洋无脊椎动物遗迹（Frey，1968）及美国东南部佛罗里达州和巴哈马群岛近代灰质沉积物中的潜穴（Shinn，1968），有人还专门论述了端足类蜾蠃蜚属（*Corophium arenarium Crawford*）动物的挖潜行为（Ingle，1966）。

由上可知，现代生物遗迹研究对遗迹化石的分类、遗迹相及其沉积环境研究起到了重要作用。由于对现代海相生物遗迹及行为造迹方式的研究较多且起步较早，所以这对后来海相遗迹相的建立奠定了实证基础，推动了海相遗迹学的发展。至此，遗迹学被广泛接受并作为一个重要的科研领域在全世界兴起。

（二）现代生物遗迹的拓展研究阶段

20 世纪 70—90 年代，现代生物遗迹学在世界多地进一步开展，由原来的少数海岸环境拓展到陆相河流、湖泊及其他海洋环境，现代生物遗迹进入了多地区和多门类的研究阶段。

20 世纪 70 年代,以 Howard 和 Frey 为主要代表的学者将现代生物遗迹学的研究从德国瓦登海进一步扩展到美国佐治亚州附近障壁岛海滩、冲溢扇体及河口湾(Frey et al., 1971;Rice et al., 1971;Howard et al., 1975)和撒佩洛岛(Howard et al., 1970;Howard et al., 1972)、美国东南部北卡罗来纳州波福岛附近(Frey, 1970)及盐沼环境(Frey et al., 1978)、意大利加埃塔湾(Hertweck, 1973)以及中国台湾地区海岸带(Reineck et al., 1978;Dörjes, 1978)和印度洋塞舌尔群岛(Braithwaite et al., 1972)等地。有些学者还专门调查了甲壳类美人虾在河口湾的挖潜作用(Forbes, 1973)和挖泥螃蟹(*Goneplax rhomboides*)的行为生态学特征(Atkinson, 1974)以及海岸带海蛄虾的底内遗迹特征(Frey et al., 1975),并进行了部分现代生物遗迹学的实验研究(Elders, 1975)。在这一时期,陆相现代生物遗迹的研究开始逐渐发展起来。Chamberlain(1975)研究了现代非海相淡水环境中无脊椎动物和脊椎动物中共 32 个门类的造迹生物,并讨论了其各种居住迹、进食迹、爬行迹及它们在地质记录中的保存潜力。我国地质学者范振刚(1976)调查了青岛附近海岸带甲壳动物造的潜穴,主要观察了潮间带软沉积物底层内蟹类生态及潜穴特征。Clifton 等(1978)论述了浅海多毛类生物进食构造 *Macaronichnus segregatis* 的形态和产状特征。Aller 等(1978)还开展了沉积多毛类生物(*Amphitrite ornate*)管状居住潜穴的生物地球化学分析。

20 世纪 80—90 年代,现代生物遗迹学的研究陆续在更多国家和地区展开。Ratcliffe 等(1980)研究了现代泛滥平原上的无脊椎造迹生物(包括昆虫中的 8 个目和 31 个科),并将这些现代生物遗迹与地质历史时期的遗迹化石进行了比较研究,评估了它们的古生态学价值,从而识别古洪泛平原环境。Ekdale(1980)报导了现代深海沉积物中的图案型潜穴。Ronan 等(1981)研究了美国加利福尼亚州博德加湾现代和古代生物成因构造以及现代潮坪上生物与沉积物之间的关系。Wetzel 等(1980)分析了非洲西北部远岸深海沉积物中 *Zoophycos* 的形态和生态学特征。Chakrabarti(1980a, 1980b;1983)详细论述了印度潮坪沉积中现代角眼沙蟹(*Ocypode ceratophthalma*)和大眼蟹(*Macrophthalmus telescopius*)的潜穴型式及其对沉积物粒度的影响和对环境的指示意义。

在我国,李福新等(1983)考察和描述了青岛几种现代海洋底内动物的活动遗迹。王慧中(1985)研究过江浙一带现代海滩生物扰动构造并讨论了其指相意义。

20 世纪 80 年代中后期,Ekdale 等(1984a)对大西洋深海现代远洋泥中的生物遗迹进行了定量遗迹学探索。Frey 等(1984)针对螃蟹的造迹活动进行了专门研究,包括层面上的爬行迹、拖迹、抓痕等,层内的各种形态的潜穴,并且铸造了潜穴模。Frey 等(1986, 1987b)对美国佐治亚州海岸河口湾潮坪中的现代生物遗迹进行了详细研究,论述了 *Psilonichnus* 遗迹群落与相邻海相和非海相遗迹群落的关系。Bertness 等(1984)、Bertness(1985)和 Warren 等(1986)较详细地讨论了新英格兰盐沼环境和澳大利亚新南威尔士红树林沼泽环境中螃蟹的潜穴活动规律、分布特征及使沉积底层发生的多种变化,比如微地貌、沉积物化学性质、排水量等。Nash 等(1984)和 Suchanek(1985)专门观察了海蛄虾的潜穴形态、挖潜行为、特种构架及生态意义。Pervesler 等(1985)调查了意大利东北部的里雅斯特海湾部分现代生物潜穴。Frey 等(1986)考察了北美洲佐治亚湾全新世堡岛上潮间带和潮上带环境中的脊椎动物遗迹。Scott 等(1987)描述了甲壳动物蝼蛄在珊瑚和海绵上造迹时的形态、行为、进食和生态学特征。Swinbanks 等(1987)考察了加拿大西部不列颠哥伦比亚费雷泽三角洲潮坪上海蛄虾潜穴的分布特征。Tamaki(1988)考察了日本美人虾生物扰动时对多毛虫活动迁移的影响。Griffis 等(1988)还论述了沉积物类型与美人虾挖潜作用的密切关系。Frey 等(1987a,1989)先后研究了朝国仁川一带黄海海岸现代潮坪上螃蟹、海蛄虾、腹足类、双壳类、多毛虫类、海参、锚参及蛇尾类等生物遗迹和美国马萨诸塞州东南部巴泽兹湾东部海岸生物扰动构造型式。Kurihara 等(1989)研究了日本东北部海湾方蟹和沙蟹两种不同螃蟹的挖潜行为特征。

20 世纪 80 年代末至 90 年代,Atkinson 等(1990)对苏格兰西海岸美人虾潜穴作了一些初步观察。Kanazawa(1992)对海胆动物挖潜和运动的形态进行了测试。Goldring(1995)研究了不同的沉积底质中的造迹生物及其遗迹特点。Hasiotis 等(1993)研究了大陆环境中现代生物遗迹学特点及生态阶层变化。Hendrix(1995)、Görres 等(1997)、Trojan 等(1998)还研究了陆地蚯蚓的潜穴活动对土壤的物理、化学和生物条件的影响以及水力学特性。Brustur(1998)调查了多瑙河三角洲格奥尔基沙岸上鞘翅目的现代生物遗迹,使 *Scoyenia* 和 *Termitichnus* 遗迹相中的遗迹内容更加完善。

Dworschak(1987a,1987b,1998)、Dworschak 等(1993)、Dworschak 等(1997)先后研究了地中海和加勒比海海岸以及巴西普拉亚和拉丁美洲伯利兹大西洋堡礁一带现代十足类海蛄虾类(蝼蛄虾和美人虾)的潜穴系统及进食行为。Genoni(1991)探讨了泥滩上招潮蟹挖潜作用的增强与低食物供给量之间的响应关系。Griffis 等(1991)提出了海蛄虾的潜穴构架及营养模式。Nickell 等(1995)、Ziebis 等(1996)在研究了海蛄虾和美人虾的潜穴系统之后,提出了 3 种不同的形态及营养模式。Berkenbusch 等(1999)论述了新西兰东南部奥塔戈港口潮间带砂坪上美人虾挖潜的生物扰动作用。Gingras 等(1999)研究了华盛顿威拉帕湾现代和更新世半咸水沉积中生物遗迹特征及其在河口湾环境中的变化。

我国在 20 世纪 90 年代的现代生物遗迹学研究已开始受到关注。李广雪等(1992)在黄河三角洲观察到生物的逃逸构造,对近河口处的潮间分流河道的造迹生物进行了描述,并根据沉积速率将软体动物扰动分为 3 种基本类型,即潮坪型、分流河口型和独流河口型。王慧中(1985)对江浙一带生物扰动构造及其指相意义做了研究。王珍如等(1988)调查了青岛、北戴河及北部湾等地潮间带底内生物遗迹。王珍如(1994)对北部湾等地潮间带底内生物遗迹进行了专题研究,针对北部湾及湛江潮间带大型底栖造迹动物,以其结构水平为线索,首次对软底质环境中的底表及底内造迹动物和硬底质内的钻孔动物,从个体习性遗迹到群落遗迹生态学进行了较全面的研究。

这一阶段现代生物遗迹学的研究依从实证主义原则,大大推动了遗迹化石群落和遗迹相的研究,这对遗迹学体系的完善以及遗迹学在沉积学和古地理学上的应用都起到了重要作用。

(三)现代生物遗迹的系统研究阶段

21 世纪以来,国内外现代生物遗迹学研究发展迅速,研究广度和深度都有了很大的提升,进入了系统研究多种造迹生物、多种造迹行为及其遗迹形态、多种造迹环境和底层性质的大发展时期,在陆地环境和海岸带及海洋环境中都取得了显著的进展。

陆地环境现代生物遗迹学研究得以广泛开展。De(2000)和 Chirananda(2000)先后研究了恒河三角洲现代底栖无脊椎动物的活动,这些造迹生物主要包括螃蟹、多毛虫、双壳类和腹足类,并观察了各种潜穴形态、爬迹、拖迹和螃蟹沙球的排列规律。Ekdale 等(2001)研究了双壳类对沉积底质的影响。Mikulas(2001)总结了陆地岩石质底层上各种现代生物遗迹和化石遗迹,包括脊椎动物挖的潜穴,哺乳类动物的刮痕及其运动时在灰岩表面产生的光滑摩擦痕,蜜蜂、黄蜂和蚂蚁产生的巢穴和居住巷道等。Dworschak(2001,2002)专门研究了现代海岸潮滩上不同种类美人虾的潜穴特征。

Davis 等(2007)研究了陆地底质条件对节肢动物足辙迹形态和生命活动行为的影响,选择了 5 种不同的造迹生物,建立不同粒度、不同水分含量的沉积底层模型,并通过实验了解到不同的足辙迹形态及造成差异性的过程。该研究对节肢动物等造迹生物的遗迹化石研究提供了现实案例,有利于确定某些遗迹化石的造迹生物,并有助于遗迹化石分类的修正。Smith 等(2008)观察和分析了土壤中昆虫蝉的遗迹及挖潜行为特征。

Martin(2009)对美国阿拉斯加北坡、科尔维河在北极区极寒河流边滩沉积中的现代生物成因沉积构造进行了不同季节的研究,这是第一次描述北极河流点沙坝的现代生物遗迹。在沙泥质沉积物中,生物遗迹比较丰富,具有许多无脊椎生物潜穴和表面拖迹以及鸟爪和大型动物足迹,并且认为该处是一个复合的遗迹群落。其中,双翅目造迹类似 *Treptichnus* 遗迹化石,线虫类或寡毛类的造迹类似 *Cochlichnus* 和 *Helminthoidichnites* 遗迹化石。结果显示,该地区现代陆相河流遗迹群落不符合已有的陆相遗迹相模式(如 *Mermia* 和 *Scoyenia*)。因此,现代生物遗迹研究对理解相似遗迹化石的性质、遗迹相模式的建立与修正以及古地理古环境的重塑有着重要的作用。Hembree(2009)描述了现代陆生多足类动物形态、潜穴形态以及挖潜的行为特征和底层性质,得出其潜穴形态由造迹生物的行为方式控制,包括挖掘方式和潜穴的持续时间,而造迹生物的造迹行为又受控于沉积底层的性质,如湿度、压实程度、沙泥比等。Netto 等(2009)观察和分析了巴西最南部 Peixe 潟湖向海一侧 *Psilonichnus* 遗迹群落。Rona 等(2009)对一种深海底的活化石 *Paleodictyon nodosum* 进行了详细分析。

Counts 等(2009)用实验的方法研究了现代陆生甲壳动物金龟子幼虫及成虫的造迹方式,提出了金龟子幼虫所建造的新月形回填纹与海生动物所造的回填纹在内部及外部构造、成因、结构及意义上都有很大的差别。遗迹属 *Taenidium* 是具有新月形回填纹的潜穴,其回填纹由海生食沉积物生物排泄的粪球粒和沉积物相间组成,而根据实验,陆生昆虫在不同湿度的土壤中频繁爬行也可以留下回填纹(Hasiotis et al.,1992;Hasiotis,2004)。因此,如果笼统地将回填纹都解释为食沉积物的水生生物的产物,那么必然会对解释造迹生物行为方式及陆相沉积的古环境意义产生误导(Buatois et al.,2004;Genise et al.,2004)。Genise 等(2009)研究了阿根廷丘布特省 Bajo 现代海岸淡水池中鸟类足迹形态类型及其行为与分布特征,并解释了湖泊环境中的化石为何似鸟足迹。Daniel 等(2009)研究了多足类动物潜穴,并把现代潜穴的形态、造迹生物行为与沉积特征相联系,从而解释陆相遗迹化石。

Melchor 等(2010)对阿根廷皮科马约河国家公园现代河道沉积及越岸沉积环境造迹生

物淡水蟹类的身体结构、造迹方式及潜穴结构和填充物进行了详尽的现代生物遗迹学研究。Hamer 等(2010)研究了美国蒙大拿州的鲁比水库和西班牙的拉索托内拉从湖泊边缘到潮上带的现代生物遗迹组合特征,以此来解释古湖泊体系,并记录了植被覆盖率、遗迹百分比、遗迹分异度和沉积底层性质。Dashtgard(2011a)、Ayranci 等(2013,2014)先后调查了加拿大弗雷泽河三角洲平原、三角洲前缘和前三角洲的现代生物遗迹组成与分布的不同特点(作了定量评价),并阐述了其对三角洲古遗迹研究的作用。该研究发现,主河道南缘生物扰动强度较小,造迹生物主要是多毛类和双壳类,造的遗迹类似 *Thalassinoides*、*Planolites*、*Skolithos*、*Conichnus* 和 *Cylindrichnus* 遗迹化石;而主河道北缘生物扰动强度较大,造迹生物除了多毛类和双壳类外还有棘皮类,其造的遗迹类似 *Skolithos*、*Planolites*、*Thalassinoides*、*Artichnus*、*Palaeophycus*、*Conichnus*、*Asterosoma*、*Rosselia*、*Cylindrichnus*、*Gyrolithes*、*Teichichnus*、*Phycosiphon*、*Arenicolites*、*Polykladichnus* 和 *Scolicia* 遗迹化石等。Ayranci 等(2016)后来进一步研究了弗雷泽河三角洲浪基面以下的遗迹组成与分布特征,并且分析了遗迹分异度的影响因素(如沉积速率等)。

Wetzel 等(2016)研究了陆地环境中蚯蚓产生的 4 种层面遗迹,而且该层面遗迹呈几何形态排列。蚯蚓的拖迹反映了蚯蚓的行为,蚯蚓拖迹可以用来解释古生态环境。Monaco 等(2016)研究了淡水贻贝类无齿蚌的前进刨土行为和停息迹以及湖泊边缘和河流环境的沉积底层性质。一些沉积底层性质,比如坚固性和水分含量,可能会影响遗迹的组成特征。

这一发展时期,海岸带及海洋环境的现代生物遗迹学研究主要聚焦在对河口湾和海湾潮坪环境的现代生物遗迹组合分带与底层性质及生态关系的研究方面。同时开始向深水环境探索,如 Wetzel(2002,2008)研究了中国南海现代 *Nereites* 遗迹组构及其沉积物中的氧化还原条件及生物扰动作用;Curran 等(2003)分析了现代和更新世浅海潮下带至潮间带碳酸盐环境中复杂的十足类潜穴特征及生态关系。

2000 年至今,现代海岸潮滩上的生物遗迹及其沉积背景研究在多地深入开展。De (2000)调查了印度恒河三角洲海岸带内栖无脊椎动物造的现代生物遗迹。Dworschak (2001,2002)专门研究了现代海岸不同种类美人虾的潜穴特征。Gingras 等(2001,2004)研究了水深、沉积物结构、底层性质对华盛顿 Willap 海湾地带现代 *Glossifungites* 遗迹组合的影响和对 *Teredolites* 遗迹相的启示。Chakrabarti(2003)详细观察了季风性河口湾点沙坝在低潮期间时的生物成因沉积构造,常见腹足类的拖迹和爬迹,寄生蟹、弹涂鱼等生物造的遗迹,以及与多毛虫和饮水口螃蟹的潜穴活动有关的生物成因沉积构造。Lim 等(2003)对新加坡韩都岛潟湖滩上环纹招潮蟹的潜穴形态特征与生态的关系进行了调查。Gribsholt 等(2003)、Mccraith 等(2003)和 Smith 等(2009)先后对现代海岸潮坪上招潮蟹的挖潜活动进行了分析,发现该类螃蟹的潜穴活动会改变底层的物理、化学和生物条件,进而对底栖生物群落产生影响,包括土壤营养量、氧含量、分解率、盐度、沉积粒度和多孔性等。

Martin 等(2006)观察了滨海环境中现代幼年鲨类动物的遗迹特征,并进行了古遗迹学应用研究。Uchman 等(2006)研究了现代海生端足类和等足类生物在不同性质底层(软底和僵底)中的不同形态遗迹特征。Pearson 等(2006)研究了加拿大新不伦克省夏坡地强潮河口地区泥质点沙坝上(上、中、下潮下带)生物遗迹形态类型及分布特征。

David(2007)的现代生物遗迹学研究揭示了无脊椎动物造迹与沉积底层之间的关系,从而为恢复古生态和古地理环境提供有力的证据。Garrison 等(2007)研究了美国得克萨斯州墨西哥湾海岸带环节动物、棘皮动物、甲壳动物、软体动物的腹足类和双壳类遗迹的特点。Heng 等(2007)探讨了红树林微环境对招潮蟹的生物扰动活动及潜穴形态的影响。Seike 等(2007)、Seike(2008,2009)先后详细描述了日本西南部入野海岸现代半固结砂质底层上招潮蟹造的潜穴特征以及海滩上多毛纲泥沙蚕进食迹的挖潜行为特征与地貌动力学的关系。Dafoe 等(2008)、Seike 等(2011)分别考察了日本中部太平洋海岸前滨和临滨沉积物中及加拿大温哥华岛 Pachena 海滩上多毛虫类 *Euzonus mucronata* 造的类似古代 *Macaronichnus segregatis* 遗迹化石的构造,并测量了该造迹生物的挖潜速率。Li 等(2008)精细描述了我国香港和台湾地区现代砂泥质滨海带中泥蟹造的潜穴形态特征。Baucon(2008)还调查了意大利亚得里亚海北部格拉多博斯科海滩硅质碎屑环境中微生物席上的现代生物遗迹。

Dashtgard 等(2008)研究了沉积物粒度对生物扰动产状的影响,沉积物中发现的遗迹大小和分布反映了盐度、氧含量、沉积物孔隙水含量、温度、食物利用率、沉积速率、沉积底层性质、捕食性、能量及底面暴露情况等。海底生物开拓沉积底层的行为会在生物遗迹特征中体现出来。通过研究发现,对于砂质沉积底层,随着沉积物粒度增大,其生物扰动程度会减小;砾质沉积底层中的潜穴具有衬壁,以保持坚固性和维持潜穴中稳定的环境。Mokhtari 等(2008)调查了伊朗 Sirik 红树林河口湾招潮蟹和沙蟹的群体生态学特征,描述了泥坪上乳白招潮蟹造的泥丘状潜穴口特征,并认为不同的植被对不同种类的招潮蟹的潜穴行为有很大的影响。Smith 等(2009)在美国东南部佛罗里达海岸沼泽地带观察到招潮蟹的挖潜活动对红树林生长发育的影响。Yang 等(2009)、Yang 等(2018)详细考察了韩国西南部以波能为主的强潮海岸的沉积学、遗迹学及 *Glossifungites* 遗迹相产状特征。Wang 等(2010)在研究了现代海岸河口湾盐沼环境中螃蟹的挖潜活动后,认为螃蟹造穴能促使沉积物翻转和碳、氮运移。Zorn 等(2010)对美国太平洋西北部海岸潮间带无脊椎动物潜穴进行了潜穴壁的微观形态学研究。Belley 等(2010)探讨了加拿大圣劳伦斯河口湾和海湾地区缺氧环境对底栖大型动物群和生物扰动作用的影响。

Dashtgard(2011b)专门讨论了砂质潮坪中无脊椎动物潜穴分布与物理化学条件的关系以及在岩石记录中的意义。Gingras 等(2011,2012)研究认为,沉积速率低和食物丰富是潮坪沉积中出现剧烈生物扰动构造的重要因素,并与物理-化学应力相关。Olivero 等(2011)精细考察了现代海岸带双壳类(贻贝和蛤蜊)的潜穴特征以及生物与底层的相互作用。

Baucon 等(2013)对意大利的 Grado 潟湖沙坝体系进行了现代生物遗迹研究。Seike 等(2014)、Rodriguez-tovar 等(2014)深入调查了巴哈马群岛的圣萨尔瓦多岛现代螃蟹潜穴的形态和分布特征并论述了其遗迹学与古环境意义。Mayoral(2014)研究了西班牙西南部海岸环境中分布的大量招潮蟹,认为物理化学参数对招潮蟹潜穴活动有很大的影响。Chandreyee(2015)研究孟加拉湾招潮蟹的泥丘状潜穴,为识别乳白招潮蟹的泥丘状潜穴和海栖招潮蟹的火山状潜穴提供了第一手资料。De(2015)进一步研究了印度孟加拉湾海岸上招潮蟹挖潜和建造泥堆的生活习性。

La croix 等(2015)研究从淡水环境到半咸水环境中生物扰动的趋势表明,随着盐度的增大,遗迹种类逐渐增多且其分布范围逐渐增大。Hodgson 等(2015)在观察美国俄勒冈州 Netarts 海湾中的生物遗迹时,发现潮间带中各种不同的沉积底层中的遗迹组合,可以得到重要的古生态和地层时空变化方面的信息。Dentzien-dias 等(2015)考察了滨岸沙丘中栉鼠的潜穴建构、形成机制和保存特点,其产状和形态可以精确地指示风成沉积的古环境。Muniz 等(2015)还发现,河口地区鲷鱼可造似二叶石迹和似皱饰迹,并认为是鲷鱼运动和栖息造成的。Belaústegui 等(2015)比较分析了西班牙西南部莱佩地区现代和古代遗迹组构。Curran 等(2015)考察和描述了拉丁美洲巴哈马群岛圣萨尔瓦多周围各种美人虾的潜穴特征。

有关现代生物遗迹学的研究方法有多种,除一般的照相和素描之外,常用方法还有以下多种。Howard 等(1970)使用 X 射线成像手段研究现代生物遗迹学(端足类动物的挖潜型式)。Gingras 等(2002)用树脂浇注华盛顿威拉帕湾泥滩上的潜穴系统。Lowemark 等(2003)利用详细的 X 射线照片和$^{14}$C 分析了现代深海 *Zoophycos* 的行为特征。Dufour 等(2005)开始用轴向体层密度测量法进行了水下沉积物中生物成因构造的三维可视化及定量分析。Seike 等(2014)引用统计学方法来统计潜穴密度和孔口直径。Shchepetkina 等(2016)结合沉积学和遗迹学的观察,探索了美国佐治亚州奥吉奇河河流-潮汐过渡带的沉积特征及该环境中遗迹的变化情况。Tessier 等(2016)利用遗迹地理信息系统来研究现代生物遗迹可谓一种新方法,这是一种基于地质统计学和网状理论的方法,旨在描绘现代遗迹的环境意义,它从捕捉造迹生物、采样、分析到最后得到实验数据,整个过程很有系统性。Uchman 等(2011)比较分析了现代等足类(*Isopod*)普通卷甲虫(*Armadillidium vulgare*)拖迹与豫中济源下侏罗统湖相沉积物中遗迹化石 *Diplopodichnus* 的相似性。

这一发展阶段,我国现代生物遗迹学也得到快速发展,主要研究区域集中在黄河中下游边滩、黄河三角洲地区、渤海湾西岸大石河河口湾、滦河三角洲、秦皇岛河口湾、胶州湾和杭州湾潮间带以及青岛和日照滨岸潮间带。

王英国(2000)开展了渤海湾西岸大石河河口湾遗迹生态学研究。王冠民等(2003)专门研究了现代黄河边滩的鱼类游泳迹。胡斌等(2012)考察了黄河中下游现代边滩沉积物中的生物遗迹及其造迹者的组成与分布特征。王媛媛等(Wang et al.,2014)于 2012—2013 年观察和研究了黄河三角洲不同微环境中的现代生物遗迹,并划分出 3 种遗迹群落:① 泥甲虫-红线虫遗迹群落(似 *Steinichnus-Skolithos* 现代生物遗迹群落),主要发育在黄河三角洲平原边滩中;② 日本大眼蟹-泥螺遗迹群落(似 *Psilonichnus-Gordia* 现代生物遗迹群落),常见于黄河三角洲分流间湾中;③ 双齿围沙蚕-四角蛤遗迹群落(似 *Polykladichnus-Skolithos* 现代生物遗迹群落),仅见于黄河三角洲前缘水下分流河道中。宋慧波等(2014)和王海邻等(2017a)先后详细调查了杭州湾庵东浅滩沉积中的现代生物遗迹,发现了蝼蛄、泥甲虫、宁波泥蟹、珠带拟蟹守螺、泥螺、弹涂鱼、沙蚕、竹蛏、虹光亮樱蛤、海葵、蚂蚁和鸟类等造迹生物,包括软体动物、节肢动物等 5 个动物门类(共计 8 个属),造的生物遗迹主要有运动迹(爬迹、拖迹、足辙迹)、居住迹、觅食迹、进食迹、生殖迹、停息迹、排泄迹、逃逸迹以及鸟类足迹和植物根迹等。其分析成果表明,潮上带和潮间带的造迹生物及其遗迹的类型、空间分布、丰度、多样性等都具有明显的差异。胡斌等(2015)专门研究了滦河三角洲平原和前缘亚相中的现代生物遗迹的组成和分布特征,其研究结果显示,在滦河三角洲现代沉积中,造迹生物种类及其遗迹的分布呈现明显的规律性。王海邻等(2017b)在山东青岛和日照滨岸潮间带调查了现代生物造的各种层面拖迹和层内居住迹,并建立了高潮区和低潮区2个不同的生物遗迹组合。王媛媛等(2019)还进一步分析了黄河三角洲潮坪各个微环境中现代生物遗迹分布的差异性,并描述了多毛虫类围沙蚕的潜穴特征(Wang et al.,2019a)。近十年来我国现代生物遗迹学的研究采用的方法主要有以下几种:一是对典型的生物潜穴进行箱式取样(胡斌等,2012;Wang et al.,2014;王媛媛等,2019);二是在实验室中对所采集样品进行粒度分析,测定底质含水量,分析沉积物粒度、盐度等对生物遗迹的影响,探讨遗迹分布与沉积环境的关系;三是对取得的箱式样品进行CT扫描分析,将扫描得到的图像用软件VGstudioMax进行三维重构,从而得到生物潜穴的三维图像(Wang et al.,2019b;王媛媛等,2019)。

总体来讲,近20年来的现代生物遗迹学研究达到了新的高峰期,研究的现代生物多样性在不断增加,而且涉及多个沉积环境中的现代生物遗迹,其研究方法更加先进,生物遗迹形态及其活动行为与底层的关系以及与环境相一致的遗迹组合分带和受控因素的研究更加精细和系统。

**二、现代生物遗迹的研究方法**

**(一)野外露头观测**

野外露头观测是最基本的研究方法,文字描述和草图、素描图尤为重要。描述的内容主要包括:遗迹的形态、大小和空间展布特征,潜穴内部构造特征,保存方式,丰度,伴生的其他遗迹及其相互关系,居群密度,围岩性质,无机沉积构造特征,遗迹在地层层序中的变化和出现频率,等等。

**(二)野外铸模及铸型**

对岩层顶底面上保存的遗迹化石可以用乳胶及树脂等材料制作模型。这种方法简单且费用低廉,对于野外不能采回来的遗迹化石及珍贵且易碎的遗迹化石标本,十分有效。对于现代开放的潜穴系统,为了获取其内部构造和形态特征,可用石膏或者树脂从潜穴洞口倒入,待凝固后,即可得到层内的潜穴系统。

**(三)浅层沉积物取样**

除了岩心取样,也可以对未固结的沉积物进行取样(包括使用各种取样器,如手持式、重力式、振动式、箱式或活塞式取样器)。即先用一根空心管插入基板,竖向提取沉积物样本(Ekdale et al.,1984b;Farrow,1975),然后对取回的样本进行切片及X射线分析等(Dashtgard et al.,2005;Wetzel,1983)。

**(四)脊椎动物足迹图像分析**

在过去的几十年里,恐龙和其他脊椎动物的足迹得到了广泛的关注,许多技术被应用于足迹的分析。Lockley(1991)概述了传统的恐龙足迹测绘技术,Breithaupt等(2001)提出了三维定位和足迹位置分析技术。近景摄影测量(Breithaupt et al.,2004;Petti et al.,

2008)、浮雕立体成像(Gatesy et al.,2005)、高分辨率激光雷达(Bates et al.,2008)和激光扫描(Petti et al.,2008)以及地理信息系统被成功应用于遗迹三维图像的收集、记录和分析。

（五）遗迹化石切片观测

提高遗迹化石研究精度的一种实验室内常见的研究方法是化石切片技术，即先将薄片表面涂上油或者其他化学药品，再根据岩性及溶蚀程度在化石表面切割、抛光，然后通过染色进行镜下观测(Bockelie,1973)。此外，连续切片技术成熟，可以揭示遗迹化石的三维形态，并已成功地应用于许多研究中(Bednarz et al.,2009；Naruse et al.,2008；Retallack,2001)。

（六）遗迹化石薄片鉴定

薄片法为岩石学研究中的一种传统技术(Miller,1988)，在遗迹学领域也有很多应用。其应用可以分为以下几类：① 微量化石的鉴别(Banerjee et al.,2007；Das et al.,1992；Knaust,1998)；② 遗迹化石中所含微粪类化石的鉴定(Flugel,2004)；③ 潜穴及根迹的内部结构研究(Knaust,2009；Retallack,2001)；④ 生物遗迹粒度和围岩粒度的对比研究(Schieber,2003)；⑤ 示踪剂残留物的鉴定；⑥ 遗迹化石的组成和分层模式以及相关流体流动行为的鉴定(Gingras et al.,2004)；⑦ 通过图像定量分析生物扰动(Francus,2001)。

（七）遗迹化石扫描电镜精细观测

扫描电镜(Scanning Electron Microscope,SEM)在遗迹学的研究中也是一种非常有效的手段，且通常与其他技术相结合，如树脂铸模或薄片法。由于其分辨率高，显微镜下的微量化石可以被详细研究。例如，遗迹化石内部的微生物化石(Gong et al.,2007)、微钻孔(Wisshak,2012)、潜穴衬壁的精细研究(Zorn et al.,2010)以及其他细微的结构特征和化学成分的变化特征(Driese et al.,1991)。

（八）遗迹化石 X 射线照相

X 射线照相技术是一种可揭示遗迹化石内部结构的有效技术。该技术将会逐步取代传统的铸模法(Bouma,1964；Howard,1968；Werner et al.,1982；Winn,2006；St-onge et al.,2007)。

（九）遗迹化石计算机断层扫描(Computer Tomography,CT)技术

CT 技术是一种相对来说较新且无损的遗迹化石研究技术。沉积地层结构、微量化石和生物构造可通过岩心样品捕获(Dufour et al.,2005；Fu et al.,1994；St-onge et al.,2007)。在扫描过程中，随着样品在发射器和探测器之间连续旋转，一系列 X 射线照片以恒定的增量被捕获。每个扫描点上不同程度的衰减(体素)为二维图像的重建提供了基础，最终可生成一个洞穴或钻孔内样本的三维图像。

1. CT 技术在遗迹标本研究中的优势

研究生物活动痕迹过程中最为普遍的一种手段就是使遗迹标本成像。对于遗迹化石来说，既存在肉眼可见的大化石，也存在十分微小的化石，无论哪一种，要想获取清晰完整的化石图像，都需要采取恰当的成像手段。目前，传统的成像方法主要有 4 种：沉积物剖面成像法、普通光学显微镜成像技术、扫描电子显微镜成像技术和透射显微镜成像技术。其中，沉积物剖面成像法就是用专用照相机观察泥质沉积物的结构。这项技术的最大优势就

是可以现场观测,具体来说就是可以实时看到沉积物厚度、一般生物扰动特征和非均质性的垂直和水平沉积结构,其观测范围从几十厘米到 1 cm 不等。然而,其原始图像的初始分辨率低,没有高分辨的后续处理软件,拍摄到的沉积物照片是二维的且拍摄角度大致垂直于采样剖面,因此很难对遗迹点有清晰的诠释。

以上四种传统成像方法通常只能观察到遗迹标本表面的结构和构造,如果需要获取其内部信息,则要与其他手段相结合,比如用树脂/石膏浇灌铸模或连续切片。树脂浇灌铸模是早期最常用的生物洞穴三维结构可视化方法,获取的铸件可以在扫描电镜下进行研究,可显示出微妙的形态特征。然而,这项技术的空间分辨率和清晰度低,不能满足研究人员对遗迹样品内部结构的精细研究。而且树脂铸模的前提条件是生物钻孔是空的,当部分被充填时就会受限,无法精确地确定整个洞穴所占的空间,导致遗迹种类的确定充满了不确定性和多解性。连续切片可以借助具体软件重建物体的几何空间,在揭示遗迹化石三维结构的应用中十分常见。但是这种方法具有三维物体的二维可视化所固有的局限性:第一,它破坏了化石的完整性,而且一旦操作就是不可逆的,无法再使用其他方法进行研究;第二,化石的切面较单一,只能从有限的几个方向观察,不能从宏观上了解整体形态,难以知道其他切面上是否存在更重要的生物学结构,且破坏之后与先前遗迹标本的立体形态有很大的差异;第三,这种操作对精度要求较高,连续切片的间距难以控制在 1 mm 以下。以上两种手段操作简单,对设备的要求不高,可以借助普通光学数码照相机和计算机重构软件对遗迹标本进行重建,但是由于它们在操作过程中损坏了样本,因此不满足无损研究这一要求。

随着遗迹学的发展和科学技术的进步,研究人员也对技术手段有了更高的要求,应在不损坏遗迹标本的前提下获取样本的三维立体结构,尤其是其内部结构,从而进行全方位的解析。不论是遗迹化石还是现代生物遗迹,在使用传统手段处理样品的过程中,需要采用辅助器材或者化学方法来剥离不需要的部分。例如,包裹在围岩内的遗迹化石通常需要用切割机分离周围岩石。如果还存在其他杂基,则需要用化学分离法,一般利用酸溶液溶解杂基。但是这种方法容易使化石中与杂基成分相同的成分也被侵蚀,破坏其脆弱的结构,这些都有对样品造成不同程度破坏的风险,而且化学分离法也只能观察到岩石的表面。对于古遗迹学来说,损坏遗迹化石的损失是不可估量的,而无损成像技术可以弥补这一缺陷。

遗迹标本的无损成像技术对完好保存化石来说尤为重要,因为它可以从稀有标本中提取完整的形态数据。这项技术的诞生不仅是遗迹学领域的一场技术革新,更为其发展提供了新的动力。通过无损成像技术对之前使用传统研究方法遗留下来的难以界定的遗迹化石进行重新研究,可解决历史遗留问题。

2. CT 技术在遗迹标本研究中的发展

早在 1896 年德国物理学家伦琴就发现了 X 射线,第二年德国生物学家使用 X 光机对泥盆纪早期的洪斯吕克板岩化石群进行了研究。X 射线透过化石的不同截面(体层)会产生不同的衰减,用探测器(Charge Coupled Device,CCD)接收透过的 X 射线量就可得到无损的二维图像。X 光机操作简单且成本低,但是由于早期成像的分辨率较低,它并没有受到大众过多的关注,直到 X 射线的图像分辨率提高才得到推广。虽然 X 射线成像技术已经可以获得清晰的图像,而且达到无损成像的要求,但是这一方法仍然不能满足研究人员对成像的要求,主要原因有三点:第一,对于密度相近的遗迹标本,X 射线通过量相近,衬度就会很差,成像容易产生伪影与叠影,从而使得其立体形态的恢复存在误差;第二,由于 X 射线衰减程度是它穿透物体厚度的函数,为了使 X 射线强度分析有效,该技术要求样品足够薄,也就是说,对于过厚的样品,X 射线难以穿透,无法获得清晰的图像;第三,X 射线成像技术得到的仅是二维图像,如果要进行三维重建还需要与连续切片法相结合,才可以重现检测对象的内部结构,故其并不属于无损三维成像。由于这一缺陷,研究人员只能不断探索,以求得更好的无损三维成像技术。

Scopix 是波尔多大学开发的新的数字 X 射线无损成像系统,主要用于沉积结构、生物扰动、沉积韵律和地质旋回以及生物和地球化学过程的研究。其成像原理是用 X 射线源耦合将成像图片的亮度放大,改善细微部位的衬度,提高图像的分辨率。图像的 256 个灰度值等于 X 射线的通过量,即灰度值越接近 0,X 射线透过率越低;相反,灰度值越接近 255,透过率越高。然后通过 Optilab Pro 或者 NIH 图像处理软件处理数据,可以进行 X 射线倾角、方向和大小的计算。也可以在原始图像中设置参数,划出感兴趣的区域(region of interest),以获得更好的图像质量和分辨率,从而更好地呈现生物遗迹。虽然它比传统的 X 射线技术有高的分辨率,但是它也受到样品厚度的限制(1 cm 厚的样品效果最佳),并且采集到的图像仍然是二维的。

CT 技术的出现,弥补了传统方法和 X 射线成像技术在三维重构方面的不足,并得到广泛应用。CT 技术是在不破坏物体形态结构的前提下,利用 X 射线束对沉积结构、遗迹化石、生物造迹进行无损可视化和定量分析。CT 技术根据其空间分辨率和最适扫描标本的大小可分为 4 类(表 1-1)。

表 1-1　CT 技术的种类

| CT 技术类型 | 可观察标本的尺寸 | 分辨率/$\mu$m |
| --- | --- | --- |
| 常规 CT | 米 | 1 000 |
| 高分辨率 CT | 分米 | 100 |
| 超高分辨率 CT | 厘米 | 10 |
| 显微 CT | 毫米 | 1 |

早在 1971 年第一台基于现代断层成像原理的 CT 机建成,最初广泛应用于医疗事业,在 20 世纪 70 年代中后期被扩展应用于工业无损检测中。医用 CT 多是常规 CT,所用的 X 射线源能量低,穿透能力不足以对遗迹标本进行重建。工业 CT 在可接受的辐射量和曝光时间上没有限制,也可以使用更小的探测器,故其空间分辨率更高,可以从毫米级到微米级,探测信号范围更广,检测对象要比医用 CT 更加广泛。在遗迹学中,利用高分辨率 CT 扫描得到的数字化图像清晰直观,能对大到肉眼可观察的大化石,小到肉眼难以分辨的微体化石,以及现代造

迹生物的活动痕迹进行三维再现,因此在无损成像应用中有着得天独厚的优势。

CT 技术包含 4 个步骤:① 断层扫描。用 X 射线源发射出 X 光束对检测对象特定体层的不同方向进行扫描,CCD 会把不同强度的 X 射线记录下来,形成一个投影。得到所有投影数据后就形成一个投影截面。然后 CCD 按照预设的间隔(取决于图像分辨率)旋转得到另一个投影截面,最终获得整个样品的二维投影数据。最终图像的质量取决于 X 光束的稳定性、亮度、曝光时间和空间分辨率等成像参数,因此这是全过程最重要的一步。② 计算机处理。将 CCD 接收到的二维投影经模拟/数字转换器(Digital to Analog Converter,DAC)转换计算为三个二维切面数据,得到主视图、左视图和俯视图。③ 图像显示。将第②步得到的若干二维切面数据导入三维重构软件,如 VG Studio Max、Avizo、Amira、Dragonfly、Pergeos 等,重建样品的三维可视化图像。二维图像的重构建立在每个扫描点(体素)的 X 射线衰减的基础上,即检测对象的密度越大,X 射线衰减系数越大,其灰度值越高,颜色越亮。相反,密度越小,X 射线衰减系数越小,灰度值越低,颜色越暗。④ 体数据处理。重构的三维立体图像可以在后期进行分析和处理,主要包括体数据的分割(cut)、合并(merge)、镜像(mirror)、光滑(smoothing)、渲染(render)、动画和 3D 图像等,当然也可以进行距离和角度等的测量。

CT 技术具有以下 4 个优点:第一,它可以在遗迹标本不被破坏的情况下将充满沉积物的生物钻孔完整地呈现出来,并提供给重构软件进行特征描述以便进一步研究,这是树脂浇灌技术无法实现的。第二,CT 扫描的切片厚度可以根据研究对象的大小而改变。通过使用薄片,避免了生物遗迹被潜在的其他痕迹覆盖,从而精准划分了生物遗迹的类别。第三,CT 扫描可以对微小的化石或遗迹样品进行高吸收衬度成像,并且所配备的先进分析软件能够检测出非常细微的密度差异,这是内部结构可视化所必需的。第四,CT 技术还有一个优势,就是可以将得出的数据存储在光盘或磁带上,随时待进一步处理,并且可以将结果打印或者通过 3D 格式显示出来,如彩色半透明视图、3D 动画等,能更直观地对遗迹标本进行精确的描述和诠释。

CT 技术的三维可视化功能在遗迹化石以及现代造迹生物遗迹形态特征研究方面的应用是多种学科(如数学、计算机科学、拓扑学、物理学等)的交叉与融合,对遗迹化石造迹生物的鉴定、形态的精细描述、所处几何空间和行为习性的分析等都有极其重要的科学意义和应用前景。它的无损研究优势规避了样本被破坏的危险。相对工业 CT 成像衬度低的问题,CT 技术可以通过高分辨率断层扫描和相位衬度成像进行三维重构,从而实现遗迹样品内部结构的立体可视化。该技术对充填物和围岩密度差较小的潜穴或生物扰动构造鉴别的帮助尤其重大。

# 第二节 三角洲遗迹学的研究内容

## 一、三角洲遗迹学的研究简史

自 19 世纪 80 年代末,国外从事遗迹研究的学者开始了三角洲的遗迹特征研究(Gilbert,1885;Barrell,1912;Knaust et al.,2012),并对各种遗迹相(Moslow et al.,1988;

Raychaudhuri et al.,1992；Raychaudhuri,1994；Siggerud et al.,1999；Soegaard et al.,2003）及三角洲地层遗迹组构特征进行了分析（Howell et al.,2004；Gani et al.,2004；Bann et al.,2004）。后来的研究主要集中在沉积三角洲尤其是受不同控制因素影响的三角洲遗迹学上且主要侧重遗迹化石研究（Pearson et al.,2006；Dashtgard et al.,2008；Hauck et al.,2009；Sisulak et al.,2012；Baucon et al.,2013；Johnson et al.,2014；Wang et al.,2019）。

学者们关于现代生物遗迹的研究大多针对陆相和海相，对于海陆过渡相，特别是对现代三角洲的现代生物遗迹学的关注度明显较少。20 世纪 90 年代，一些遗迹学家基于沉积学和遗迹学分析，比较了河控、浪控和混合控三角洲的遗迹学特征（Gingras et al.,1998；Coates,2001），认为前三角洲大部分地区没有生物扰动作用，三角洲前缘河流主导的生物扰动强度非常低，而波浪主导和波浪/河流混合的生物扰动强度相对较高。Gani 等（2004）发现，随着时间的推移，同一个三角洲的不同部分可能会经历明显不同的河流、潮汐、波浪影响，而潮汐主导的地区生物扰动作用不均匀，生物扰动强度较低。

自 21 世纪以来，外国学者加深了新遗迹的形态学描述、所处沉积环境分析及与遗迹化石的对比（Swinbanks et al.,1981,1987；De,2000；La croix et al.,2015a；Abdel-fattah,2019；Paz et al.,2020）。三角洲遗迹学的研究不再局限于造迹生物的行为、生活习性以及遗迹的形态和分布特征，也可以从多种环境因素入手，如水动力能、底物一致性、沉积速率、盐度、浑浊度、光、氧化和温度等物理化学参数，从而估算生物扰动强度（Ekdale et al.,1984；Bromley,1990；Pemberton et al.,1992）。Maceachern 等（2005）系统概述了三角洲环境沉积过程中物理化学条件对生物群落及其形成的遗迹组合的影响。Dashtgard 及其团队对位于加拿大的弗雷泽河三角洲的现代生物遗迹进行了多方面研究，包括三角洲平原不同亚环境生物扰动程度研究（Johnson et al.,2014），三角洲前缘的基底颗粒大小、生物对各种物理化学应力的耐受性及与相应古遗迹化石的类比分析研究（Ayranci et al.,2013,2014），三角洲波浪基准面以下生物遗迹的组成、分布特征研究（Ayranci et al.,2016）。Paz 等（2020）通过不同物理化学因素对浪控三角洲和河控三角洲的相对优势进行描述，发现河控三角洲中造迹生物受到的环境压力较大，浪控的相对缓和；利用物理化学参数建立模型，对识别与三角洲发育过程相关的遗迹相和确定三角洲发育的关键阶段有重要意义。

近年来，国外现代生物遗迹研究发展迅猛，不仅研究对象多样化，研究方法也比以前更加先进，研究成果精细化。对于新遗迹竖直潜穴的研究，除了传统的二维成像方法（De,2000；Wroblewski,2008；Rodríguez-tovar et al.,2014；Dentzien-dias et al.,2015；王媛媛等,2020），现在可以将二维手段和三维技术相结合，例如扫描电镜图像三维重构、X 射线计算机断层扫描技术（王媛媛等,2020）。

**二、三角洲古遗迹学的研究内容**

（一）国外三角洲古遗迹学研究

关于三角洲遗迹学，国外从 20 世纪 90 年代到 21 世纪初已有广泛研究。从初步的三角洲沉积环境中的遗迹学描述（Moslowand et al.,1988；Raychaudhuri et al.,1992；Raychaudhuri,1994；Soegaard et al.,2003）到深入研究浪控和河控三角洲沉积环境中的遗迹学特征（Gingras et al.，1998；Coates et al.，1999，2000；Coates，2001；Maceachern et al.，2002；Carmona et al.，2010；Canale，et al.，2015）、风暴控制的三角洲沉积环境中的遗迹学特征（Maceachern et al.，2003）以及潮控三角洲沉积环境中的遗迹学特征（Bann et al.，2004；Mcilroy，2004，2007；Carmona，et al.，2009，2010），最终总结出了可识别不同类型三角洲地层的遗迹学标志（图 1-1）（Howell et al.，2004；Gani et al.，2004；Maceachern et al.，2005；Tonkin，2012）。

A—河控三角洲的前三角洲生物遗迹分布特征；B—潮控三角洲的前三角洲生物遗迹分布特征；
C—风暴控三角洲的前三角洲生物遗迹分布特征；D—浪控三角洲的前三角洲生物遗迹分布特征；
E—非三角洲滨外生物遗迹分布特征；F—河控三角洲前缘生物遗迹分布特征；
G—潮控三角洲前缘生物遗迹分布特征；H—风暴控三角洲前缘生物遗迹分布特征；
I—浪控三角洲前缘生物遗迹分布特征；J—非三角洲近滨生物遗迹分布特征。

图 1-1　古三角洲的前三角洲和三角洲前缘生物遗迹组成与分布模式图

（据 Maceachern et al.，2005，修改）

（二）国内三角洲古遗迹学研究

我国三角洲古遗迹学研究主要集中在辽河盆地、东濮坳陷和济阳坳陷古近系东营组和沙河街组中的遗迹化石和遗迹群落（张国成等，1992，李应暹等，1997，胡斌等，2002），主要处于遗迹属种鉴定和描述阶段。

### 三、三角洲现代生物遗迹学的研究内容

（一）国外三角洲现代生物遗迹学研究

国外近十年是三角洲现代生物遗迹研究的高潮期,揭示了生物遗迹对三角洲亚环境、微环境的指示作用。如 Dashtgard(2011)研究了加拿大不列颠哥伦比亚省弗雷泽下三角洲平原的现代遗迹特征。Ayranci 等(2013)研究了加拿大不列颠哥伦比亚省弗雷泽三角洲前缘和前三角洲中海参及其遗迹的分布特征,详细描述了海参造迹的水深、盐度、压力、沉积物等条件,为研究遗迹化石 *Artichnus* 的造迹生物、古环境及古生态特征提供了实证基础。之后 Ayranci 等(2014)详细研究了加拿大弗雷泽三角洲前缘和前三角洲的现代遗迹学特征,为古三角洲遗迹学的发展提供了现实依据。然而,很少有独立的实证来支撑三角洲沉积过程中的物理化学因素,比如高沉积速率、含氧量及盐度等。因此,国外开展了高精度遗迹学研究。

将详尽的沉积学资料与精细的遗迹学资料相结合,可以更好地解释物理化学因素(如能量条件、底层性质、沉积速率、含氧量、盐度等)在三角洲沉积过程中的影响(Pemberton et al.,1997;Gingras et al.,2011;Dashtgard,2011;Ayranci,et al.,2013,2014;La croix et al.,2015,2019;Scott et al.,2020)。

生物遗迹特征(如遗迹的分布、分异度、行为生态学、衬壁、大小变化及变形特征等)在一定程度上反映了沉积过程中的物理化学因素(如能量条件、底层性质、沉积速率、含氧量、盐度等)(Gingras et al.,2002;Taylor et al.,2003;Bann et al.,2004;Martin,2004;Mcilroy,2004)。

遗迹的分布特征主要反映了物理化学性质的稳定程度,遗迹的分异度升高指示了物理化学作用影响的降低。比如 *Skolithos* 遗迹相是一种相对稳定的、受物理化学作用影响较小的遗迹相。*Cruziana* 遗迹相是一种指示海洋环境的遗迹相,显示了最高的分异度。这是由于它所受的应力比较单一,食物来源多种多样,沉积速率较低,底层黏结性强。同样是海洋环境的遗迹相,*Zoophycos* 遗迹相的底层是细粒沉积物,部分是汤底,食物来源多是悬浮物。由于食物来源种类的减少,此遗迹相的遗迹分异度降低。而深水环境中的 *Nereites* 遗迹相,虽然也是汤底,沉积类食物的种类和数量减少,但是这导致了生物形成了独特的形态来探索和发现食物,如一些耕作迹的形成是为了以更高效的行为进食,从而探索有限的食物资源(Maceachern et al.,2007a;La croix et al.,2015b,2019;Scott et al.,2020)。

（二）国内三角洲现代生物遗迹学研究

从 1960 年起,国内学者的研究初步涉及现代生物遗迹学的内容(李嘉泳等,1962;李广雪等,1992;王珍如等,1988;王珍如,1994;王英国,2000;王冠民等,2003),并涉及现代生物的穴居方式以及生物扰动强度与沉积速度和微化学环境之间关系的研究(王慧中,1985)。

21 世纪以来,我国现代生物遗迹学进入了快速发展阶段。学者陆续对黄河边滩三角洲、滦河三角洲、青岛和杭州湾滨岸的潮间带等区域不同沉积环境中现代生物遗迹特征进

行详细的观察描述,并与遗迹化石进行对比,简要分析了影响生物遗迹分布的因素,建立了生物遗迹群落(王媛媛等,2014;张白梅,2014;胡斌等,2015;王海邻,2018),还研究了滦河三角洲(胡斌等,2015)和黄河三角洲(Wang et al.,2014;王媛媛等,2019;Wang et al.,2019a,2019b;王媛媛等,2020)现代生物遗迹的组成和分布特征。

# 第二章　现代生物遗迹的命名与分类

## 第一节　遗迹化石的命名及分类

目前,遗迹化石的命名方法仍然采用《国际动物命名法规》所规定的"二名法",即种学名的构成为"属名＋种名"并注上命名者和命名日期,属名和种名均使用拉丁文或拉丁化的文字命名,如 *Planolites rugulosus* Reineck 1955。种名的建立和修订要按国际统一规定进行。

国外有少数学者(Richter,1920;Simpson,1975;Seilacher,1977)试图建立一些属以上更高的分类单位,但一直没有找到可依据的完美特征来确定痕迹科(*ichnofamilies*)、痕迹纲(*ichnoclasses*)和痕迹门(*ichnophyla*)。

为了便于研究,各国学者各自按不同情况采用非正式的更高级分类,如按照保存分类、生态分类和形态分类,甚至有人按照古环境分类。

遗迹化石的保存分类是对化石产状的描述性分类,是依据生物痕迹在底层中保存的位置来进行描述和划分的,亦称部位分类(toponomy)。国外提出遗迹化石可按保存分类的学者有 Seilacher(1964)、Martinsson(1970)、Frey(1971,1973)、Hallam(1975)和 Simpson(1975)等,现在广泛采用的是前两位学者提出的分类方案。

Seilacher 教授根据生物遗迹与底层或岩层的内外和上下关系将遗迹化石的保存分为以下几种类型。① 全浮痕或全凹凸痕(full relief),保存在岩层层内、轮廓完整的生物痕迹,如各种潜穴。② 半浮痕或半凹凸痕(semi relief),保存于岩层层面之间的生物痕迹,如各种足迹、拖迹、足辙迹、爬行迹和停息迹等。③ 劈面浮痕或劈面凹凸痕(cleavage relief),底层表面痕迹(如足下痕)被压入软质底层沉积物内的纹理层后形成的一种层内痕迹。这种压印作用使得当后来部分纹理层出露时其表面也具有呈半浮痕的遗迹化石,并且它仍然可以反映原来在底层沉积物表面产生的痕迹形态。某些节肢动物(如三叶虫)的足辙迹可形成此种足下迹。

学者 Martinsson 的保存分类是指:首先假定岩系中有一砂岩层,将它作为一种铸模介质,而且砂岩层内几乎不含页岩,其围岩为细粒沉积物或泥岩层;然后按照生物痕迹在岩层中的保存位置进行划分。这与 Seilacher 教授的分类方法类似,但分类术语及其含义有所不同。Martinsson 的分类分为以下 4 种:① 表迹(epichnia),保存在砂岩层上层面的生物痕迹,相当于 Seilacher 分类中的上浮痕(epirelief)。表迹又分为表迹脊痕(epichnial ridge)和表迹沟痕(epichnial groove)。② 内迹(endichnia),保存在砂岩层内部的生物潜穴,具有完整的几何形态,潜穴内一般由砂泥质物充填。内迹相当于全浮痕。③ 底迹(hypichnia),保存在砂岩层底面的生物痕迹,相当于下浮痕(hyporelief)。底迹又分为底迹脊痕和底迹沟痕(hypichnial ridge and hypichnial groove)。④ 外迹(exichnia),保存在铸模介质层之外泥岩层中的生物潜穴,一般为砂质或粉砂质物充填。

目前已证明,特定类型的遗迹化石具有特定的保存模式。如生物潜穴往往呈全浮痕保存,而动物的足迹和拖迹等常呈半浮痕保存。遗迹化石的保存类型对遗迹化石的成因解释和古环境再造是很有帮助的。

遗迹化石的生态分类又叫行为分类(behavioral classifications)或习性分类(ethological classifications)。痕迹化石包含了古代生物行为习性的证据,而遗迹学研究的主要目的之一就是确定古代生物的行为类型,所以生态分类便于对含有遗迹化石的地层进行生态环境分析。遗迹化石的生态分类最早由 Seilacher(1964,1967)提出,后来由 Osgood(1970)和 Simpson(1975)以及 Ekdale 等(1984a)学者进一步补充和描述。归纳起来,该分类主要包括 7 种常见的类型:① 居住迹,又称居住构造或居住潜穴。② 爬迹,指造迹生物的运动痕迹,包括所有由生物快速或慢速爬行和蠕动爬行以及横穿沉积物犁沟式拖行等活动所建造的各种痕迹。③ 停息迹,又称休息迹或栖息迹,它包括生物的静止、栖息、隐蔽或伺机捕食等行为在沉积物底层上停止一段时间所留下的各种痕迹。④ 进食迹,又叫进食构造,是食沉积物的内栖生物活动时留下的层内潜穴。这种潜穴一方面被造迹生物用来半永久性居住,同时可从中加工沉积物来吸取食物,所以它是食沉积物的生物挖掘沉积物并从中摄取有机质所造的潜穴构造。⑤ 觅食迹,这种痕迹是生物边运动边取食产生的,既可出现在沉积物表面,也可产生于底层内部。也就是说,食沉积物的生物既可沿沉积物表面又可进入底层内食取有机质。觅食迹的形态往往显示规则形式,以便有效地覆盖沉积物而获得足够的食物。⑥ 逃逸迹,是半固着生物或轻微活动动物在底层内快速向上或向下逃跑掘穴时遗留下来的痕迹,它的形成与沉积物的加积和被冲刷侵蚀密切相关。如果底层沉积物被冲刷或侵蚀,造迹生物就得向更深处掘穴;相反,如果底层沉积物发生加积作用,那么造迹生物必须向上移动以便保持生物在沉积物-水界面附近的平衡。⑦ 耕作迹,常称为图案型潜穴,是 Ekdale 等(1984a)提出来的。在这种图案型潜穴系统中,生物营永久性居住和进食活动,它们的活动方式为耕作式或圈闭式,或两者兼有,因此这种潜穴系统为形态规则的水平巷道式潜穴。

遗迹化石的生物系统分类是把生物遗迹与其造迹生物(trace maker)结合起来考虑,所以也叫综合分类(synthetical classification)。这种分类被认为仅在少数情况下才有可能进行。例如,生物的足迹和某些爬行拖迹的造迹生物比较容易推测。就目前遗迹学的研究程度来讲,遗迹化石的生物系统分类尚未建立起来。在实际工作中,国内外学者经常根据遗迹化石保存的个体形态及其产状特征进行形态分类,主要有以下几种:① 简单垂直管状潜穴类,这类潜穴一般与层面基本垂直或微微倾斜,孤立或成群出现,不出现分支潜穴。② U 形潜穴类,这些潜穴是一些在垂直剖面上呈 U 形管状或 W 形管状的潜穴,也包括呈 J 形和

Y形管状的潜穴。③ 直-曲线形遗迹类,这类遗迹的轨迹呈平直—微弯曲—任意曲线形,保存的化石有层面脊痕和层面沟痕,也有层内潜穴。它们的分布与层面平行或基本平行,有些遗迹部分平行层面、部分以各种角度穿入层内。该类遗迹外表光滑或具有各种纹饰。
④ 蛇曲形遗迹类,此类遗迹的显著特征是痕迹的轨迹呈蛇曲形弯曲。它们沿层面或平行于层面分布,呈半浮痕保存,多数为觅食拖迹,少数为爬行迹或表层潜穴。⑤ 环曲形遗迹类,这类遗迹以其轨迹呈圆环状或似圆环状为特征,沿层面或平行层面分布,主要呈半浮痕保存,多数为觅食拖迹,少数为进食与居住的潜穴。⑥ 螺旋形遗迹类,这是一类具有螺旋状形态的进食潜穴。⑦ 星射状遗迹类,此类遗迹为一组沿层面分布的星射状痕迹,有的呈辐射分支形。⑧ 树枝形遗迹类,具有树枝式分岔形态特征的痕迹,包括垂直或倾斜于层面的居住-进食潜穴以及平行于层面分布的拖迹或进食迹。⑨ 网格状遗迹类,为一种特殊的进食潜穴,它平行于层面分布,潜穴结成网状。其造迹生物采用的是圈闭式捕食方式,以吸取穴内微生物或其他有机营养物。⑩ 卵形与胃形遗迹类,此类包括两种生态习性完全不同的遗迹。卵形遗迹是指软质底层上的停息迹。胃形遗迹是指硬质底层上的一系列钻孔迹。
⑪ 点线形爬迹、拖迹和足趾行迹类,是由生物足趾或附肢在软质底层面上行走、拖动或爬动时造成的一系列点状坑和线状沟迹与脊迹。这些点线形痕迹排列有序、特征各异,主要受控于造迹生物的足趾或附肢数量、大小和运动方式或方向。

# 第二节 现代生物遗迹的命名

在遗迹学早期的研究中,Dawson(1862)研究了现代造迹生物鲎(马蹄铁蟹)的拖迹,瑞典古植物学家 Nathorst(1873)发表文章描述了蠕虫是如何造出具有分支的似藻类遗迹。Seilacher 于 1949 年在梅卢姆岛(瓦登海的威悉河河口)(Seilacher,1951)研究了蠕虫 *Lanice conchilega* 造的管穴。后来 Seilacher 等在研究瓦登海的现代生物成因沉积构造时,都是以造迹生物及潜穴形态综合命名和描述这些现代生物遗迹的。

随着有关遗迹化石、遗迹群落、遗迹相及其沉积环境的研究在 20 世纪 70 年代和 80 年代的迅速发展,现代生物遗迹的研究对于古遗迹学的意义也得到世界各地遗迹学家的重视。为了将现代生物遗迹的研究应用于遗迹化石的造迹生物生态习性、生态环境及古地理环境的解释,自 20 世纪末,现代生物遗迹的命名采取了"遗迹化石+like"(似+遗迹化石)的命名方式(Hasiotis et al.,1993;Gingras et al.,2002;Scott,et al.,2007),即将现代生物遗迹与形态特征相类似的遗迹化石直接对应起来。如 Pearson 等(2006)在研究加拿大新不伦瑞克省河口湾现代生物遗迹时,将现代生物遗迹命名为似 *Polykladichnus*、似 *Skolithos*、似 *Arenicolites*、似 *Diplocraterion*、似 *Polykladichnus*、似 *Palaeophycus* 及似 *Planolites* 等形式。这将更加直接和方便地将现代生物遗迹应用于古遗迹学的研究过程中。

# 第三章 黄河三角洲平原 现代生物遗迹特征

## 第一节 黄河三角洲平原地理及沉积特征

### 一、地理特征

黄河发源于青藏高原巴颜喀拉山北麓、海拔为 4 500 m 的雅拉达泽山以东的约古宗列曲,自西向东横穿中国大陆,流入渤海,形成黄河三角洲。黄河三角洲位于渤海西缘(图 3-1),地理坐标为 118°33′~119°20′,37°35′~38°12′,属温带大陆性季风气候。其地势平坦,无自然屏障,季风影响明显。全年气候的主要特征:四季分明,干湿明显,年温适中、变幅较大。平均年降水量为 594.3 mm,年平均蒸发量为 2 049.4 mm(4~6 月最大,占全年的 45.2%),蒸发量约为降水量的 3.4 倍。历年平均气温为 12.9 ℃,年极端最高气温为 39.9 ℃(最低为 -20.2 ℃);月平均最高气温为 26.7 ℃(最低为 -3.6 ℃)。无霜期历年平

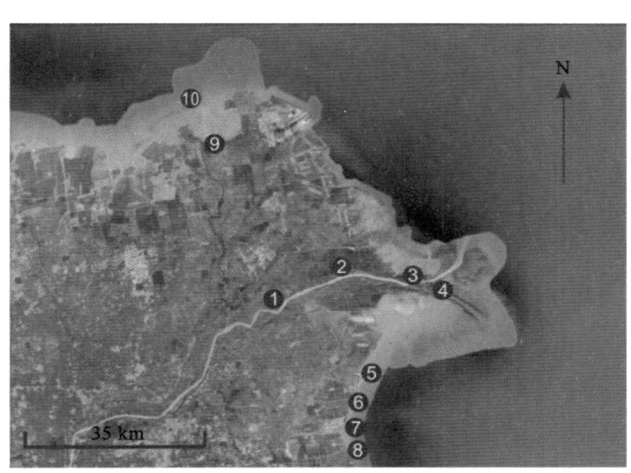

①②③—黄河三角洲平原边滩沉积;④—沼泽沉积;⑤—黄河三角洲前缘潮沟沉积;
⑥⑧⑩—水下分流河道沉积;⑦—分流间湾沉积;⑨—废弃河道沉积。

图 3-1 研究区卫星示意图

均为 218 d,最多为 255 d,最少为 191 d。黄河三角洲面积约为 5 450 km$^2$。

黄河三角洲由古代、近代和现代三角洲叠合而成,分别以滨州、宁海、渔洼为顶点。古黄河三角洲经海洋动力作用的改造,大多失去原有的地貌形态。在渤海西岸的古黄河三角洲经改造后,在三角洲平原上形成数列平行海岸的贝壳堤。现代黄河由山东省垦利区流入渤海,在入海口形成大型建设型三角洲,形成以宁海、渔洼为顶点的朵状三角洲。在黄河下游,基本为单一河流入海,无分支河流,这是黄河入海口的特征之一。但黄河输沙量大,淤积快,导致河流频繁改道,在山东省宁海县以下多次摆动,先后形成 10 条河道。每个入海口均堆积一个三角洲"朵叶",至今已形成 10 个。由 10 个"朵叶"组成的三角洲,分布在以宁海为顶点的扇形范围内,东南以支脉沟为界,西北以徒骇河为界,向海延伸到水深 18 m 处,呈弧形向海凸出,并向海迅速进积。黄河三角洲的形成及发育演变与黄河作用、海洋作用密切相关(季汉成等,2004)。

## 二、沉积特征

现代黄河三角洲平原是指渔洼分流点至目前的海岸线之间略呈三角形的广阔地区,可以划分为分流河道、废弃河道、堤岸、沼泽、盐碱滩和风成沉积等微环境。

### (一)边滩沉积

边滩大多见于河流凸岸,但由于河流水位变化大,摆动频繁,加积岸和侵蚀岸不断改变,边滩的位置也随之变化。组成边滩的沉积物粒度较细,由细粉砂、黏土组成,有时含泥砾。边滩表面波痕十分发育,类型较多,可以见到干涉波痕、修饰波痕或菱形波痕。其中,一组垂直于河流水流方向的波痕为流水成因,波痕不对称;另一组平行于河流水流方向为河浪成因,由河岸边波浪和拍岸浪形成。后一组波痕规模比前一组的小,近对称或不对称,陡坡指向岸边,缓边指向河心,这与滨海浪成波痕有相似之处。边滩的内部层理类型多样,主要有小型槽状和板状交错层理、平行层理、砂纹层理、斜波状和波状交错层理、上攀层理、包卷层理、波状和水平层理、块状层理以及变形层理等。层理规模小,未见大型交错层理。这可能是水动力条件弱和沉积物粒度小以及地形等因素造成的。边滩表面有代表河水水位线的杂物堆积和水位痕,呈线状排列。水位痕附近还有弧线、泡沫痕、冰晶痕等。边滩沉积物为细砂至粉砂结构,泥质含量高,结构成熟度低,粒度概率图为三段式,反映了牵引流沉积特征。生物及生物遗迹极少,可见云母片、重砂及结核等。边滩地貌特征非常明显,呈半月形,长宽可达几百米至上千米。

分流河床中偶尔也可见到心滩。在建林等地河床中发现较大型的心滩,此种心滩多见于河道宽、弯度小、坡降缓的河段,心滩沉积物比边滩沉积物稍粗,泥质沉积物相对较少,分选差,粒度概率图呈两段式,跳跃总体发育,可见波痕和交错层理以及向上变细变薄层序。心滩长达几千米,宽度可占河道宽的 70%～80%。

### (二)沼泽环境

黄河三角洲平原上分流河道间的沼泽沉积类型主要有滨岸潮坪沼泽、河漫滩沼泽、黄河故道沼泽和湖泊沼泽。沼泽环境中以生长芦苇和杂草为主,主要沉积暗色淤泥,水平或波状层理被植物根破坏。芦苇地仅占黄河三角洲总面积的 3.1%,地层剖面中,沼泽化沉积形成的泥炭层或腐植泥层很少见。

　　黄河三角洲平原沼泽沉积不发育的主要原因有 3 点:① 气候因素。本区属于温带大陆性季风气候区,降水量少,年平均蒸发量是降水量的 3.4 倍,不利于沼泽沉积。② 黄河三角洲的快速推进和快速沉积。1976—1984 年间清水沟平均推进速度为 2.8~5.5 km/a,滨岸或河漫滩上的沼泽沉积被快速掩埋,造成沉积物中植物的含量相对较少,不易形成泥炭层或腐植层。③ 盐碱滩发育,盐碱滩和沼泽互为消长关系。

　　(三) 盐碱滩

　　由于黄河尾闾河道泛滥,洪水漫越河岸,泥沙淤积形成盐碱滩。它处于分流河道间,将三角洲平原骨架(分流河道)联系起来。黄河三角洲平原的盐碱滩约占黄河三角洲总面积的 32.26%。盐碱滩沉积物垂向上可以分为三部分:下部主要是滨海淤泥、粉砂质淤泥和粉砂质黏土,颜色较深,含盐量较大;中间是连续过渡沉积;上部是黄河冲积形成的粉砂、黏土,盐渍化现象很明显,呈白斑状,含白色盐岩、碳酸盐岩等矿物,具水平层理、缓斜波状层理等,植物很难生长,只能生长芦苇、茅草、马绊、黄须、柽柳等。

　　盐碱滩的形成与气候条件、黄河三角洲的快速推进和快速沉积有关。沉积物很细,多以黏土、粉砂为主,渗滤性差。在干旱气候下,通过毛细管作用,下伏含盐量较高的滨海淤泥质沉积物的盐分上升,使表层黄河冲积沉积物盐碱化,形成盐碱滩。

# 第二节　黄河三角洲平原现代生物遗迹形态特征

　　黄河三角洲平原现代生物遗迹主要位于河道边滩,主要为蝼蛄造的层面分岔潜穴、泥甲虫的层面分岔潜穴和红线虫的竖直潜穴。废弃河道中有少量现代生物遗迹,包括隐翅虫层面上圆柱形隆起的蜿蜒延伸的寄生潜穴(外壁具纹饰,具分支,可见交岔点)、层面上鸟类觅食足迹、层面上蛙足迹、蜘蛛类层面羽状爬行迹、层内近垂直于层面的垂直或 J 形潜穴、蚁类层面穹窿状突出洞口、田鼠类层内勺形潜穴(总体与层面斜交),以及多毛虫类层面爬行迹。下面就黄河三角洲平原边滩典型的生物遗迹进行详细描述。

## 一、蝼蛄造的遗迹

　　蝼蛄为节肢动物门,直翅目(Orthoptera)蝼蛄科(Gryllotalpidae)。蝼蛄喜湿,常生活在近水边滩或积水洼地以及植物或根系发达处;咬食植物根茎和嫩芽;潜行土中,形成潜穴(图 3-2A);其尺寸与蝼蛄的个体大小有关,一般直径为 1~3 cm,潜穴可延伸达数十其至上百厘米。蝼蛄在表层挖掘的潜穴,在形态上具有表面隆起、穴内没有充填物,潜穴的底部有蝼蛄爬行时留下的抓痕,呈"非"字形。此外蝼蛄潜穴在底层面上多呈不规则分支曲线形(图 3-2B),常见 Y 形或 F 形分支;也有简单的直线形,但比较少见。潜穴的分岔点一般多位于植物根处,并且沿植物根潜入深度为 10~15 cm 的土壤中进食植物根,形成与地表近垂直的进食潜穴。

## 二、泥甲虫造的遗迹

　　泥甲虫为节肢动物门(鞘翅目长泥甲科),喜湿,常分布在近水边滩,沿泥砂质表层运

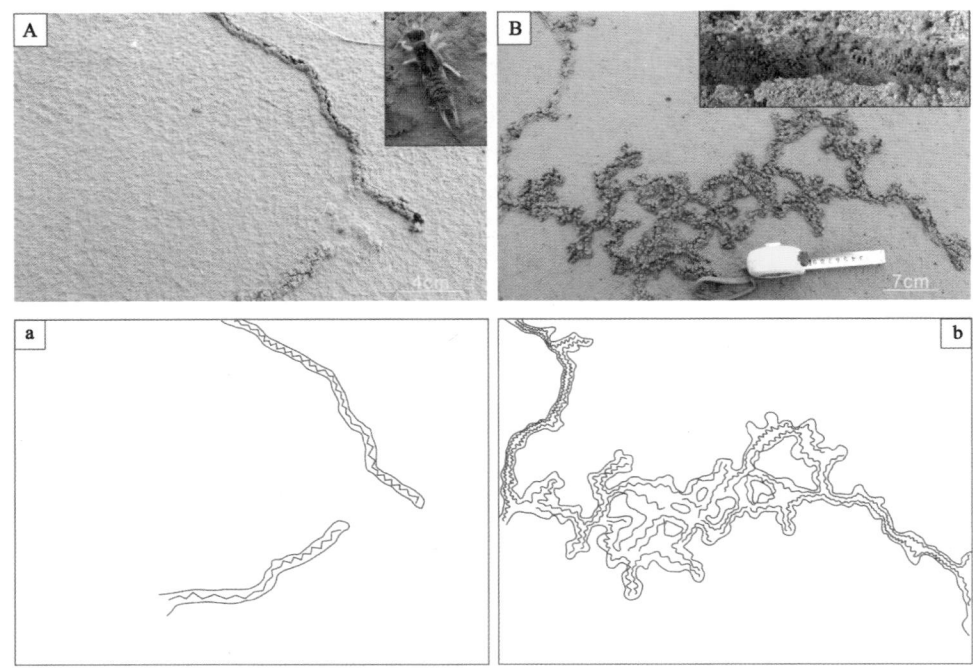

A,a—蝼蛄简单分岔潜穴及其素描;B,b—蝼蛄复杂交叉潜穴及其素描。

图3-2 蝼蛄造的遗迹

动和觅食,其主要食物为表层的腐殖质。泥甲虫在觅食过程中,钻入浅层泥质底层中挖潜,所造的潜穴在层面上隆起呈绳索状延伸、不规则状弯曲(图 3-3a),局部交叉形成圆圈

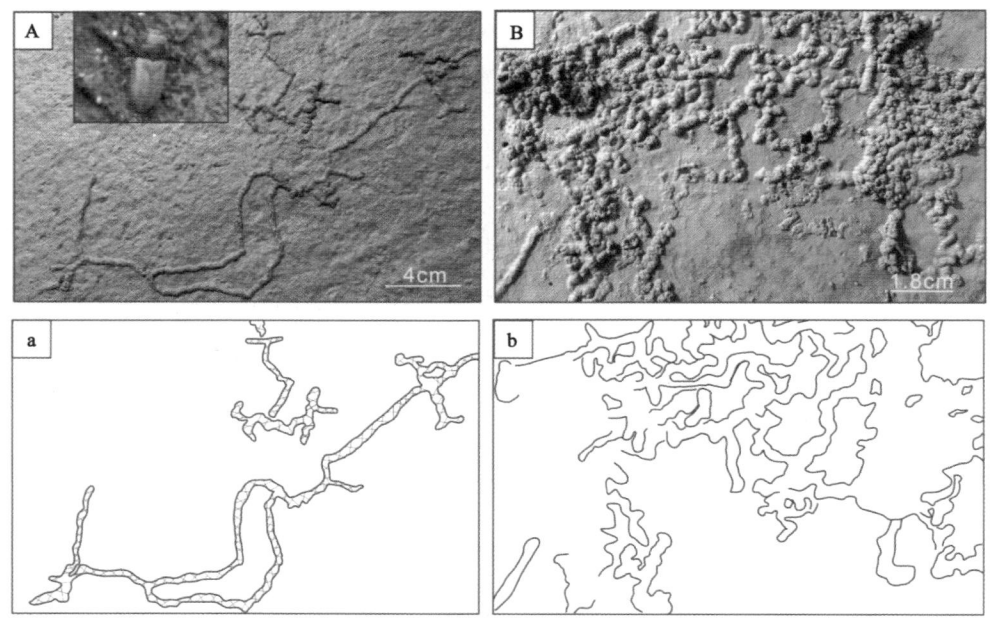

A,a—泥甲虫简单分岔潜穴及其素描;B,b—泥甲虫复杂分岔潜穴及其素描。

图3-3 泥甲虫造的遗迹

（图3-3b）。潜穴宽度约为 2 mm，深度约为 3 mm，长度一般为 2～30 cm。为了获得足够的食物，泥甲虫觅食时尽量有效地利用底层有机质，所形成的觅食迹比较稠密，呈圆形交织。可见，同类造迹生物，所造的遗迹在形态上并不完全相同。

### 三、红线虫造的遗迹

红线虫又叫水蚯蚓，属环节动物中水生寡毛类，体色呈鲜红、肉红或橙黄色。它们多生活在排放污水或废水的阴沟污泥中（一般是缓流水黑污泥中），密集于污泥表层，一端固定在污泥中，一端伸出污泥在水中颤动，一遇到惊动，立刻缩回污泥中。红线虫造的遗迹主要是竖直潜穴。潜穴口直径为 0.5～1.0 cm，潜穴口周围有红线虫挖掘的呈不规则状分散的泥粒（图 3-4a）。从垂直方向看，红线虫的潜穴形态包括 I 形、U 形和 Y 形，垂直向下延伸 5 cm 左右（图 3-4b）。

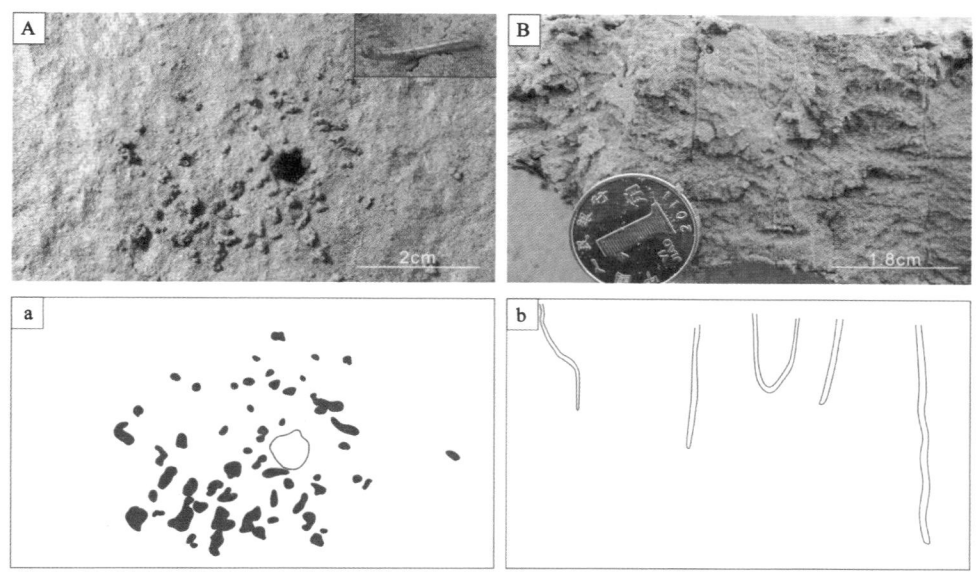

A，a—红线虫潜穴开口及其素描；B，b—红线虫竖直潜穴形态及其素描。

图 3-4　红线虫造的遗迹

## 第三节　黄河三角洲平原生物遗迹群落

该现代生物遗迹群落包括泥甲虫（节肢动物门昆虫纲鞘翅目长泥甲科）、隐翅虫（节肢动物门昆虫纲鞘翅目隐翅虫科）的觅食迹和居住迹，类似 *Steinichnus* 遗迹化石，风化后类似 *Scoyenia* 遗迹化石及鸟类的足迹；蟋蟀层内居住迹；蜘蛛居住迹；蝼蛄层面觅食潜穴，类似 *Steinichnus largus ichnosp*. nov.；蝼蛄进食潜穴和居住潜穴，类似 *Arenicolites* 遗迹化石；蠕虫类层内居住迹和觅食迹，类似 *Skolithos* 遗迹化石；田鼠洞，蜘蛛和蚂蚁洞穴及大量植物根迹。

这些现代生物遗迹的组成与分布主要由层面上的似 *Steinichnus* 和层内的似 *Skolithos*

为主,因此命名为似 *Steinichnus-Skolithos* 现代生物遗迹群落。黄河三角洲平原河道边滩遗迹群落如图 3-5 所示。泥甲虫和隐翅虫主要分布在边滩靠近水的位置,底层沉积物为细砂、粉砂,沉积物相对含水量高,几乎无植被。该区域周期性被河水淹没和暴露,河水能带来大量的有机物,并且沉积底层中大量的硅藻能够将水分合成有机质,为泥甲虫提供了大量的食物,因此泥甲虫和隐翅虫的觅食迹(似 *Scoyenia* 和似 *Steinichnus*)在该区域大量分布。随之,以泥甲虫和隐翅虫为食物的鸟类也经常出现,因此鸟类觅食足迹也较多。而在河水影响较小的区域,植被开始出现,以植物为食的现代生物遗迹也开始出现,如蠕虫和直翅目蝼蛄以植物根为食所造的层内竖直潜穴、U 形、J 形潜穴,分别类似 *Skolithos*、*Arenicolites*、*Psilonichnus* 遗迹化石。

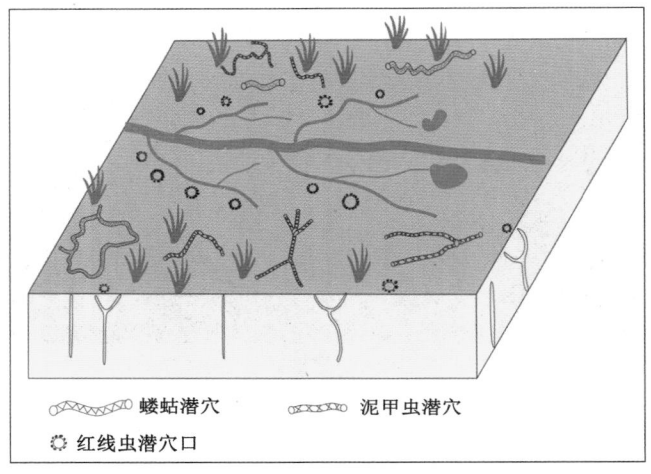

图 3-5　黄河三角洲平原河道边滩遗迹群落

# 第四章　黄河三角洲前缘
# 现代生物遗迹特征

## 第一节　黄河三角洲前缘地理及沉积特征

### 一、地理特征

黄河三角洲前缘的地理特征与第三章第一节黄河三角洲平原地理特征类似，此处不作赘述。

### 二、沉积特征

黄河三角洲前缘典型沉积构造如图4-1所示，包括双脊波痕、削顶波痕、舌形波痕及干涉波痕等。另外，下文将从水下分流河道、水下分流间湾、河口沙坝等方面分析黄河三角洲前缘的沉积特征。

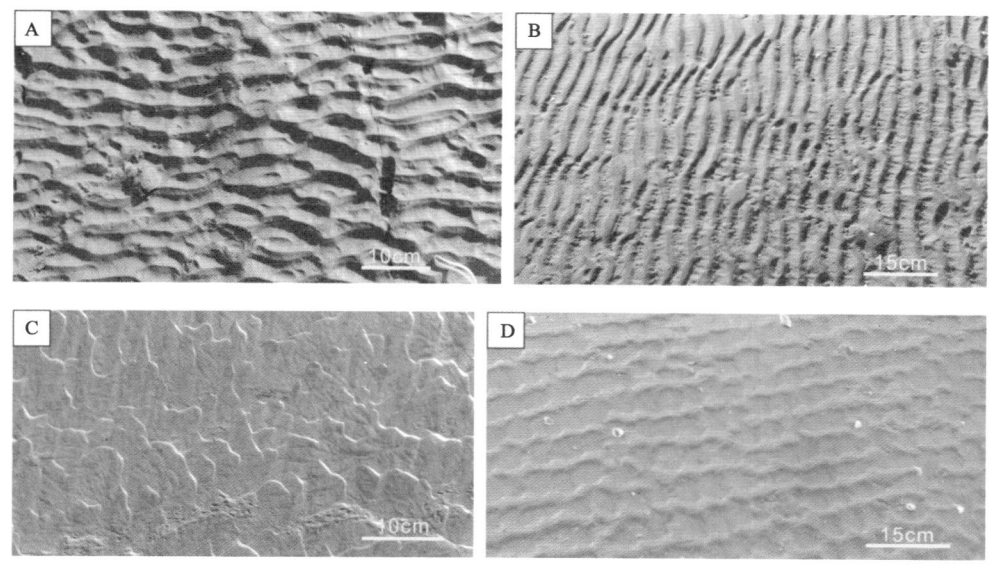

A—双脊波痕；B—削顶波痕；C—舌形波痕；D—干涉波痕。

图4-1　黄河三角洲前缘典型沉积构造

（一）水下分流河道

水下分流河道是黄河径流（具有惯性力）冲刷出来的水道，顺黄河入海方向延伸到水深 2～5 m 处，随黄河河道的迁移而迁移。它与水下天然堤和决口扇共生，沉积物较粗，多以粉砂和细砂为主，分选性较好，以反映单向水流的沉积构造为主，水动力较强，横剖面岩体呈透镜状，横向呈不连续分布。

（二）水下分流间湾

水下分流间湾指水下分流河道之间相对内凹的海湾地区，与海相通，属低能环境，偶受风暴浪和风暴潮影响，类似潮坪环境。其沉积物以黏土为主，含少量细砂和粉砂，形成沿海滩涂淤泥沉积，其中夹风暴沉积物，可见生物介壳、虫孔及生物扰动构造，从陆向海逐渐发育沼泽湿地，在灰色淤泥中芦苇杂草丛生。在垂向剖面中，顶部可见黄灰色、黄褐色淤泥；中部为粉砂与淤泥互层，为青灰色或灰黑色，有臭味，含贝壳碎片；底部由粗粉砂、极细砂组成。从下往上，由粗变细，反映潮坪推进式层序。其沿海滩涂占黄河三角洲地区土地总面积的 13%。

（三）河口沙坝

黄河注入渤海，河口附近由于河道突然展宽和潮坪的顶托作用，形成河口沙坝。河口沙坝可以高出水面，或者落潮时出露水面，呈浅滩状，宽度可达 10 多千米。沉积物主要由粉细砂组成，具有反粒序。当径流与潮流方向一致时，流速增大，沉积物较粗；当径流受潮流顶托时，流速降低，沉积物较细。受风浪作用明显，波痕发育，生物和生物遗迹丰富。河口沙坝分布不稳定，垂向上粒度粗细变化构成韵律层，与滩涂沉积明显不同（林承焰等，1993）。

# 第二节　黄河三角洲前缘现代生物遗迹形态特征

## 一、前缘潮沟遗迹

（一）日本大眼蟹造的遗迹

日本大眼蟹 Macrophthalmus japonicus 属节肢动物门甲壳纲。其头胸甲较横宽，身宽可达身长的 1.5 倍左右，身长可至 23 mm，身宽可至 35 mm，口前板中部具有明显的凹陷。雄性螯足大，两指间几无空隙，可动指基部具一大齿。雌性螯足小，眼柄长。雄性第 1 腹肢末端几丁质突起趋尖。日本大眼蟹主要分布在潮上带、泥坪和混合坪，其中泥坪上的日本大眼蟹数量最多，退潮后会外出活动，数量较多，具群聚性。日本大眼蟹造的遗迹主要是层面爬行迹、层内居住潜穴和排泄迹。层面爬行迹的形态主要有两种：一类是呈 U 形带状，两侧是轻微突起的沙脊，中间不平坦，有一条轻微突起的沙脊，U 形爬迹两侧外缘有螃蟹的爪印（图 4-2A）。另一类是紧凑的四列带状爬行迹，不连续，每隔 3 mm 断开，为螃蟹螯足留下的痕迹，略呈弧形（图 4-2B）。

日本大眼蟹的层内居住潜穴形态多样，穴口与底层表面垂直或斜交，由于沉积物含水率和粒度不同，潜穴口的形态不一，一般呈放射状、近同心圆状、鸟尾状、土丘状及围墙状。

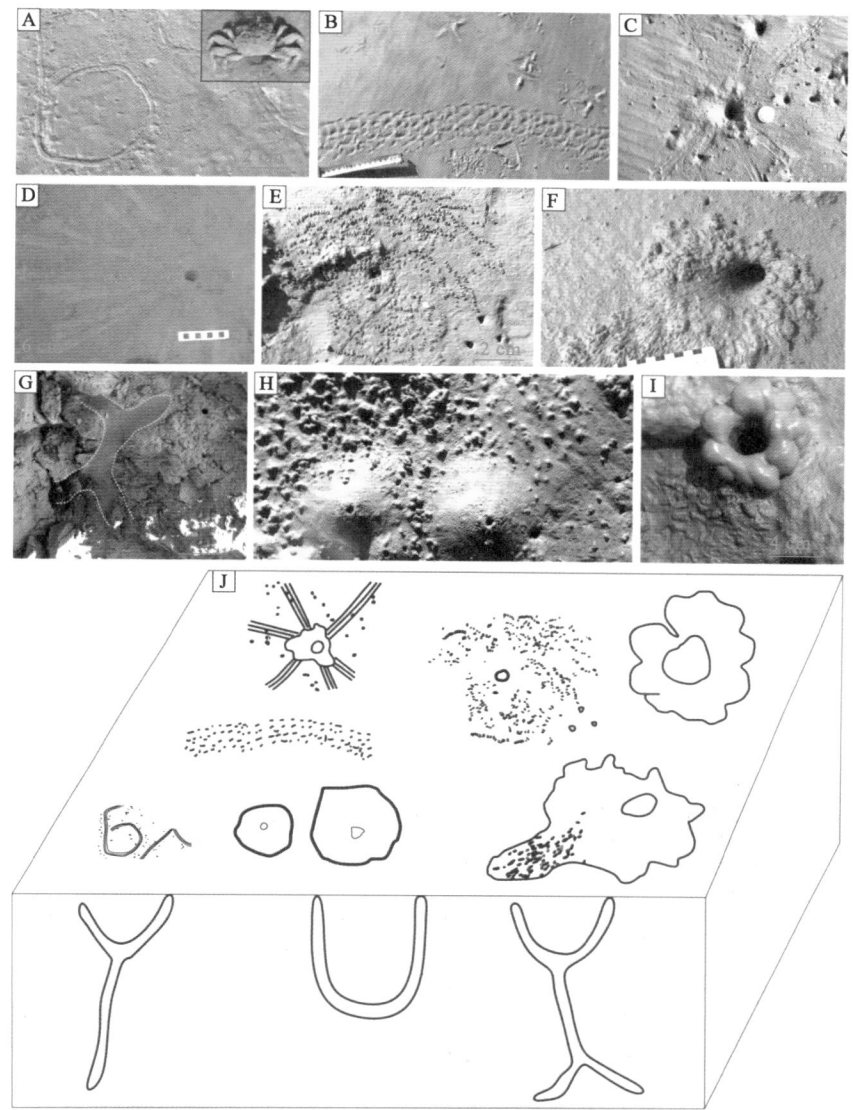

A—日本大眼蟹及其爬行迹；B—日本大眼蟹的足辙迹；C—固底中日本大眼蟹的线形放射状潜穴；

D—汤底中日本大眼蟹的线形放射状潜穴；E—日本大眼蟹的食渣沙球；F—日本大眼蟹的鸟尾状潜穴；

G—纵剖面上日本大眼蟹的潜穴形态；H—小土丘状日本大眼蟹潜穴；I—围墙状日本大眼蟹潜穴；

J—日本大眼蟹所造的遗迹素描。

图 4-2　日本大眼蟹造的遗迹

退潮后，日本大眼蟹不断地从潜穴内向外探视并爬出潜穴觅食，稍有动静就迅速钻入潜穴内，这样不断地探视和钻入潜穴，就形成了线形放射状爬行迹。其长度为 5～25 cm，宽度为 1～3 cm（图 4-2C），均与生物的大小有关。在含水率适中的沉积底层中，线形放射状爬行迹清晰；在含水率较高的沉积底层中，线形放射状爬行迹模糊不清晰（图 4-2D）。在潮沟两侧，围墙状的潜穴较多，潜穴口为圆形，直径为 2～3 cm，围墙高度为 3～5 cm（图 4-2I），这些类似瘤状的构造通过黏液作用加固潜穴以保护潜穴的内部构造。海水退去,沉积物表层留下大量藻类和有机质,日本大眼蟹爬出潜穴摄食,会产生很多食渣沙球,该沙球大小不一,直径为5～10 mm,其大小与造迹生物的大小相关。食渣沙球有时较散乱,无规律性,有时排列成近同心圆形(图 4-2E),这主要是为了吸引异性进行交配。鸟尾状潜穴(图 4-2F)在泥坪上很常见。一般在退潮后,日本大眼蟹爬出潜穴活动并从潜穴中挖掘出新鲜的泥质沉积物。螃蟹数量较多,爬行过程中在泥质沉积物表面可留下爪痕。在平坦的泥坪上,可发现较多小土丘状的潜穴,层面上为圆形开口,直径为 5～10 mm(图 4-2H),筑造这类潜穴的螃蟹个体较小,为了防止敌人的侵袭,常使潜穴周围分布散乱的食渣沙球。日本大眼蟹的居住潜穴内部构造较复杂,有 Y 形、U 形、J 形等管状潜穴(图 4-2G),穴壁光滑,与表层沉积物颜色相同。该类潜穴直径为 2～4 cm,主穴道的穴口直径稍大,深度延伸 20～40 cm。在对日本大眼蟹潜穴进行 CT 扫描和三维重构后,其形态结构更加直观和形象。从日本大眼蟹三维图像中(图 4-3A～B)可以看出,其潜穴形态包括 Y 形、I 形、U 形及树枝分叉形。其中,黄色的 I 形潜穴,上下直径不等,为 3～9 mm,上部直径较大,呈喇叭状开口。绿色的 U 形潜穴基本等径,直径约为 4 mm,U 形竖直高度约为 15 mm。紫色的 Y 形潜穴基本等径,直径约为 3 mm,Y 形整体与水平面斜交。这三大潜穴周围细小的棕色潜穴为沙蚕的幼虫潜穴,较分散,直径为 1～2 mm,长度为 3～8 mm。绿色的树枝分叉形潜穴主干直径稍大,为 3.5 mm,分支直径为 2.5～3.0 mm,有 2～3 个开口,主干开口最大,直径约为 7 mm。树枝分叉形潜穴周围有细小的紫色潜穴,较密集,为沙蚕的潜穴,沙蚕寄居在螃蟹潜穴中,进食螃蟹潜穴中的有机质,而螃蟹更加牢固的潜穴也是沙蚕的庇护所。沙蚕潜穴有 I 形、微曲线形和曲线

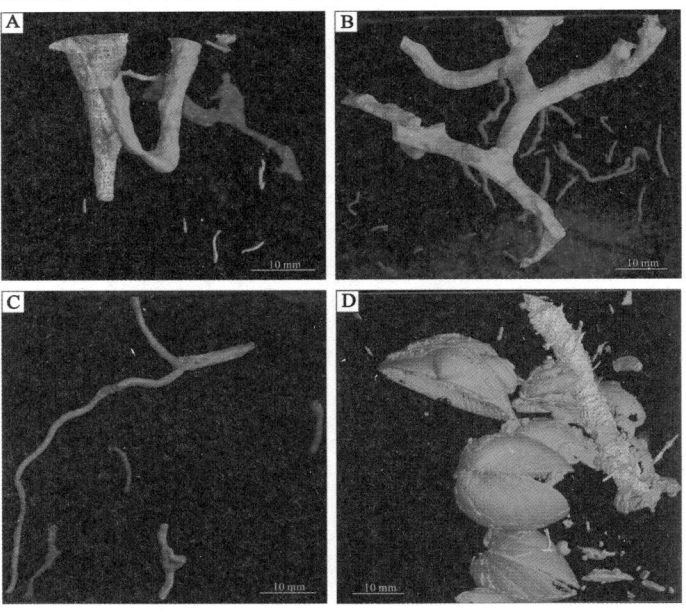

A—日本大眼蟹的 U 形、I 形和 Y 形潜穴形态;B—日本大眼蟹的树枝状潜穴;
C—双齿围沙蚕的 Y 形潜穴;D—四角蛤的倾斜潜穴。

图 4-3　日本大眼蟹、双齿围沙蚕、四角蛤潜穴的三维形态

形,长度为 2～17 mm,直径为 1～3 mm。

（二）弹涂鱼造的遗迹

弹涂鱼(*Periophthalmua cantonensis*)又叫跳跳鱼,属脊索动物门辐鳍鱼纲,具有两栖性,既可在水中游泳也可在沉积物表面爬行和跳跃,是暖水性的广温、广盐性鱼类,主要分布在泥坪中,其造的遗迹主要包括层面的爬行迹和层内的居住潜穴。退潮之后,弹涂鱼在层面上爬行、跳跃。当沉积物粒度较小、含水率适中时,其痕迹清晰,胸鳍压痕中可见明显的纹理(图 4-4C);当处于含水率过高的泥质汤底或含水率过低较固结沉积物表面时,其爬行迹不够清晰(图 4-4A～B)。其爬行迹长度为 20～90 cm,与爬行距离有关,而宽度与动物个体大小有关。中间有时有拖痕,拖痕宽度一般为 2～5 mm,是其身体后部拖过沉积物表面所留下的痕迹。两侧对称排列的弧形是其胸鳍和尾鳍的压痕。其中胸鳍压痕较大,位于外侧,长度为 0.5～1.5 cm,宽度为 0.3～0.5 cm;尾鳍压痕较小,位于内侧,长度为 0.2～0.5 cm,宽度为 0.1～0.3 cm。弹涂鱼的潜穴形态一般包括 I 形和 U 形,有一两个潜穴口,潜穴口是倾斜的,附近有弹涂鱼的爬行迹,潜穴内部有各种分岔的通道,短的为死通道。研究结果表明,潜穴构造与弹涂鱼的大小有密切的关系,弹涂鱼将潜穴作为觅食、居住、逃逸以及产卵的场所(Ishimatsu et al.,2007)。弹涂鱼进入潜穴的身体方向是有意义的。比如,如果弹涂鱼的头先进入潜穴,表明该类潜穴为逃逸潜穴;如果尾巴先进入潜穴,表明该类潜

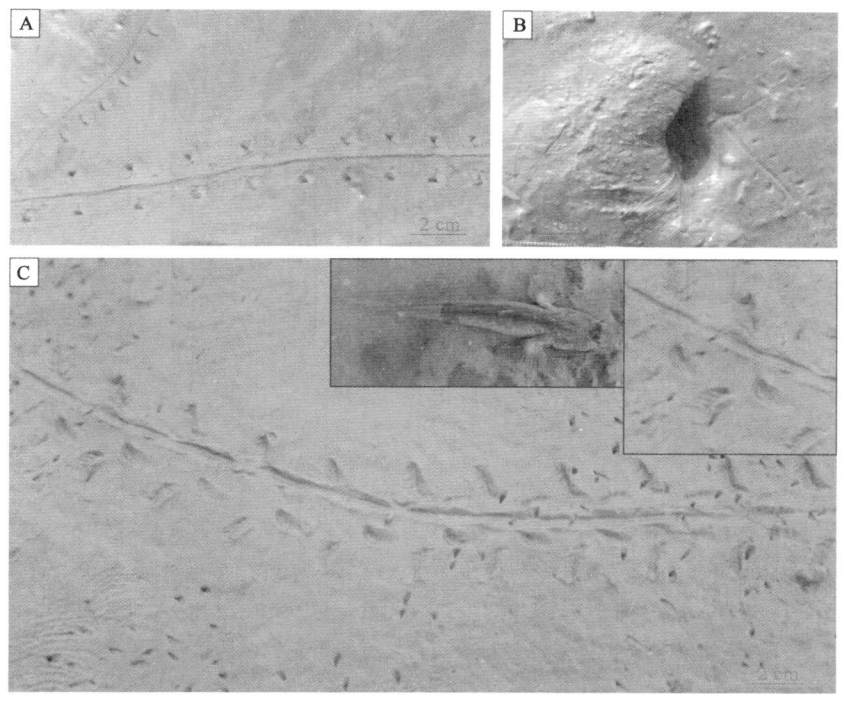

A,a—汤底中弹涂鱼的爬行迹及其素描;B,b—弹涂鱼的潜穴及其素描;

C,c—固底中弹涂鱼的潜穴(右上角为造迹生物)及其素描。

图 4-4　弹涂鱼造的遗迹

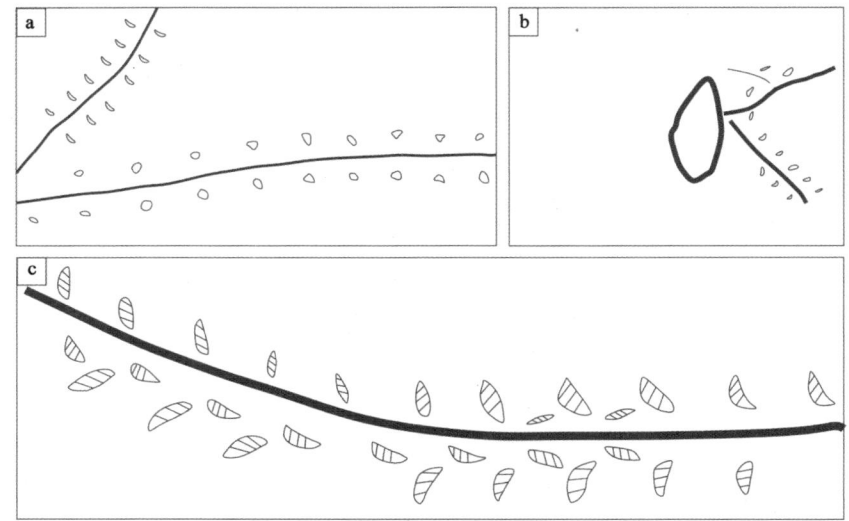

图 4-4（续）

穴为觅食潜穴（Able et al.,1982；Dinh et al.,2014）。由于沉积物较软，其潜穴一般难以观察和保存。洞穴孔道的深浅和长度依底质的性质而异，软泥质较深长，可达 50～70 cm，孔穴一般是独占性的。这些遗迹多出现于高浅滩和中浅滩的砂泥滩或泥滩氧化层（王海邻，2017）。此外，当弹涂鱼遇到外界刺激需要躲避时，通常也会寄居在螃蟹的潜穴中。

## 二、水下分流河道遗迹

### （一）竹蛏造的遗迹

竹蛏（*Solen gouldi*）别名细长竹蛏，属软体动物门双壳纲。前端截形，略倾斜，后缘近圆形。壳表光滑，生长纹明显，披有一层黄色壳皮。壳内面呈白色或淡黄色。铰合部小，两壳均有 1 枚主齿。前闭壳肌痕细长，后闭壳肌痕略呈半圆形。壳质薄脆，壳呈长柱状，壳长度为壳宽度的 6～7 倍。壳长度为 95～140 mm，壳宽度为 14～23 mm，厚度为 19～28 mm。竹蛏生活于潮间带中下潮区至浅海的砂泥沉积物中，将身体大部分埋入砂泥中，以其锚形斧足营直立生活。竹蛏造的遗迹主要是层内居住迹，为竖直潜穴。穴道上下等粗，其纵切面与壳体的高度和宽度一致（图 4-5A）。穴壁光滑，穴道深度为 10～15 cm。穴口直径为 2 mm 左右，穴口周围无堆积物。竹蛏一般位于潮间带混合坪和砂坪。竹蛏居住的潜穴整体形状为 I 形（图 4-5B）。穴道的横切面与生物横切面形状一致，长轴长度为 1.5 cm，短轴长度为 1 cm，壳体穴道长度大于壳体长度。

### （二）棒锥螺造的遗迹

棒锥螺（*Turritella bacillum*）又叫钉螺，属于软体动物门腹足纲，贝壳呈尖锥状，壳质厚而坚固，螺层平均为 21 层，每层的高度和宽度增长均匀，壳面微凸，缝合线深，呈沟状。壳顶尖，螺旋部高，体螺层短，每一螺层的下半部较膨胀，上半部较平直，螺旋部的每一层有 5～7条排列不匀的螺肋，肋间还夹有细肋，在顶部各螺层肋数逐渐随长度的缩小而减少，壳表呈黄褐色或紫褐色，壳口呈卵圆形，内面具有与壳面相同的肋纹，外唇薄而锐，内唇略扭曲，无

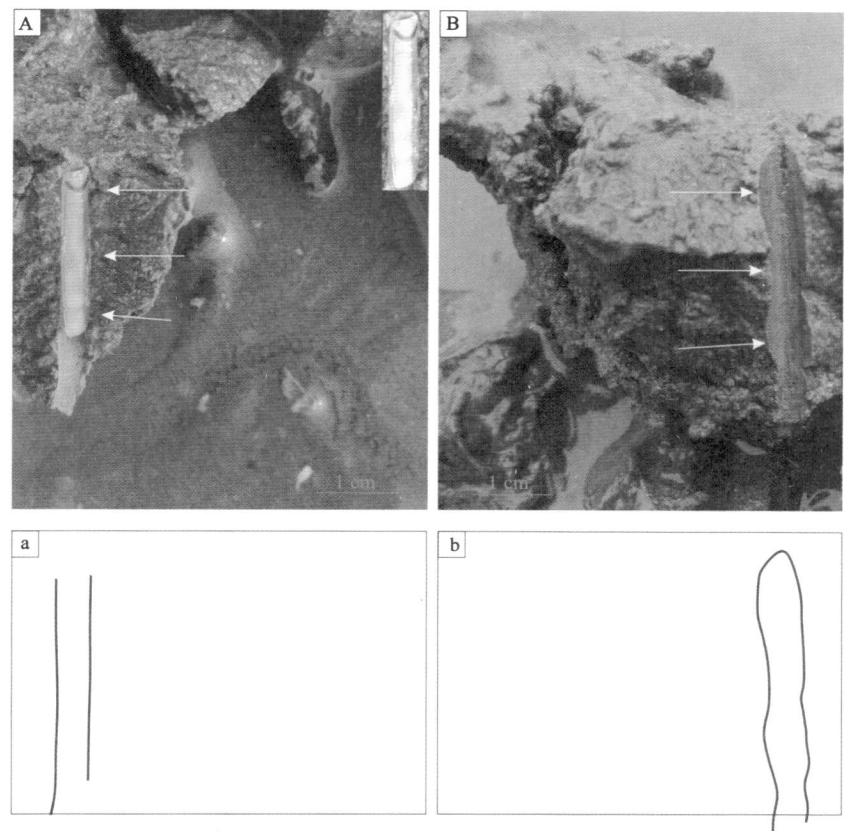

A,a—附着竹蛏的潜穴及其素描;B,b—纵剖面上的竹蛏潜穴及其素描。

图 4-5　竹蛏造的遗迹

脐。棒锥螺常见于砂坪中,所观察到的遗迹为层面上的运动拖迹。退潮后,棒锥螺在底表沉积物中匍匐爬行来进行觅食活动,它们多聚集在藻类堆积或低洼积水处,运动迹呈直形或轻微弯曲形(图 4-6A),随壳体运动方向变化而变化,运动时壳尾在两侧沙脊中间,形成犁沟状。两侧沙脊倾斜向上,中部下凹,属表迹沟痕遗迹。一般来说,拖迹宽度为 3～10 mm,拖迹的密度随棒锥螺觅食活动分散或密集。

（三）秀丽织纹螺造的遗迹

秀丽织纹螺为软体动物门腹足纲,贝壳呈长卵圆形。其壳高可至 13 mm,壳宽可至 6.3 mm,质地坚硬。壳表面呈黄褐色或黄色,具褐色色带。其体型常年呈雏形,约 8 个螺层,缝合线明显。壳顶光滑,其余螺层粗糙,具有发达的斜行纵肋,体螺层有 9～12 条纵肋,壳面具明显的螺肋并与纵肋交叉形成粒状突起。外唇内缘具有多个颗粒状齿。秀丽织纹螺常分布在潮间带砂坪中,易群聚,以沉积物表面的藻类为食。秀丽织纹螺造的遗迹主要是层面的运动迹。运动迹形态为不规则的 U 形带状迹,一般为直型、弯曲型和交叉型。遗迹中间平坦光滑,两侧为轻微高于中间的沙脊(图 4-6B)。

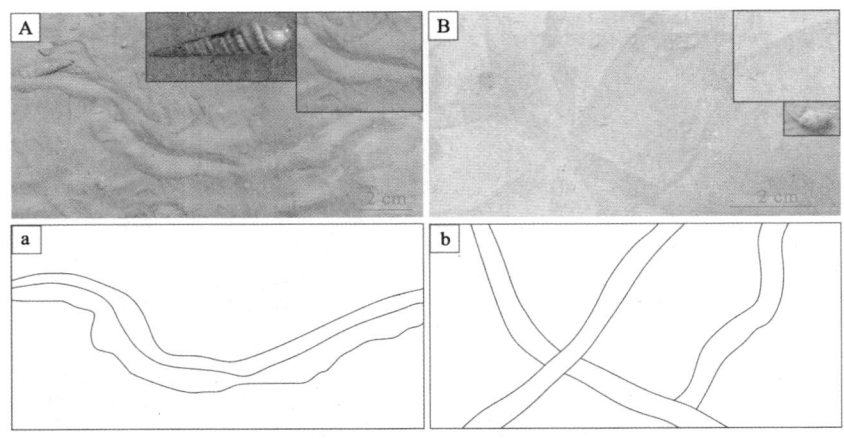

A,a—棒锥螺的爬行迹(右上角为造迹生物)及其素描;

B,b—秀丽织纹螺的爬行迹(右上角为造迹生物)及其素描。

图 4-6　棒锥螺和秀丽织纹螺造的遗迹

（四）托氏昌螺造的遗迹

托氏昌螺属于软体动物门腹足纲马蹄螺科,壳呈低圆锥形,壳宽度通常为 11.5～20.5 mm,壳高度通常为 3.5～12 mm。螺层 7 层,壳质坚硬。壳表面光滑,具有光泽,呈淡褐色,具有右向旋的棕色火焰状的花纹,在缝合处颜色加深。缝合线较浅,其下方有一不明显缢痕。各螺层宽度增加均匀,相差不多,壳顶至体螺层呈一较平整的斜面。壳口呈不规则的四边形,内方有缺刻,具有珍珠光泽。壳底平坦与体螺层有显著的角度。外唇薄,内唇短而厚,有齿状小结。它常分布在潮间带混合坪中低洼有水的地方,退潮后在层面爬行,有时聚集成群,食藻类。托氏昌螺造的遗迹主要是运动迹。运动迹是动物在层面爬行时由于前足的锄沙作用而留下的痕迹。研究区观察到的托氏昌螺壳体大小为 1～2 cm,其运动迹为 U 形带状爬行迹,该爬行迹的宽度约为 1 cm,两侧有略高于底表的沙脊,长度为 3～9 m。在含水率较低的底层中,运动迹表面有规则的羽状纹理,纹理与两侧的脊呈一定的角度,大约呈 30°（图 4-7A）。在含水率较高的底层中,运动迹表面较光滑,无纹理(图 4-7B)。

（五）豆形拳蟹造的遗迹

豆形拳蟹属节肢动物门甲壳纲,头胸甲呈圆球形,长略大于宽,边缘具不等大颗粒。螯足粗壮,步足近圆柱形。雄性第 1 腹肢末端呈针棒形,稍弯向外方。它生活于潮间带砂坪中,数量较少,涨潮时潜入底内,退潮后在底表摄取泥沙,食其有机质。豆形拳蟹造的遗迹主要是居住迹和爬行迹。退潮后,豆形拳蟹在沉积物表层活动,形成三列线形爪痕,其长度为 10～35 cm,三列爪痕紧凑,不连续,由螯足的凹坑隔开,近似等间距,断开的线形痕迹长度为 1～2 cm,宽度为 3 mm(图 4-8B)。其居住潜穴穴口与底表斜交,周围有零星食渣沙球和爪痕,该类沙球直径为 2～5 mm,有的被潮水冲刷崩塌。其潜穴内部构造复杂,包括 Y 形、J 形、U 形等,穴壁光滑,有时有食渣沙球,深度为 15～30 cm。豆形拳蟹的居住潜穴与日本大眼蟹的居住潜穴有很大的区别。豆形潜穴的潜穴口形态较单一,食渣沙球也比较分散。由于砂坪受潮水影响较大,沉积物粒度较粗,它活动后留下的爪痕和爬行迹模糊不清(图 4-8A)。

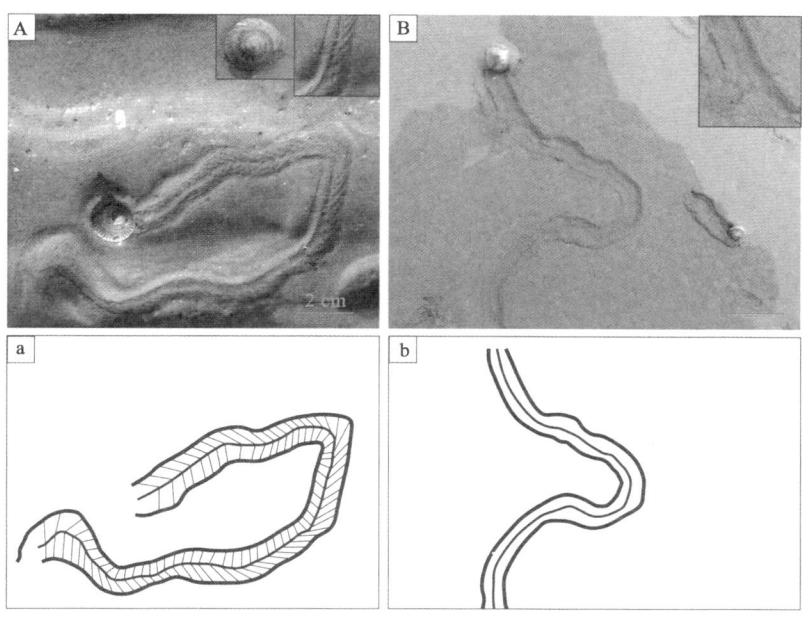

A,a—有纹理的托氏昌螺爬行迹(右上角为造迹生物)及其素描;

B,b—无纹理的托氏昌螺爬行迹及其素描。

图 4-7　托氏昌螺造的遗迹

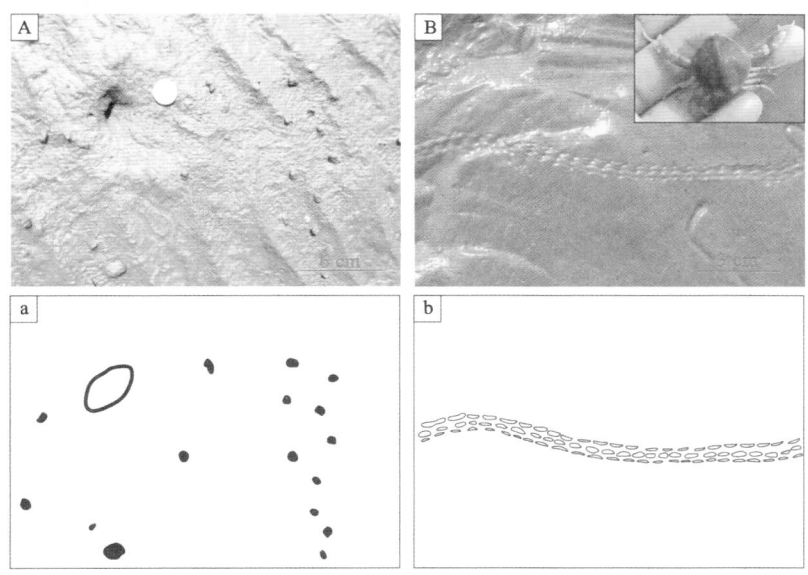

A,a—豆形拳蟹的潜穴及其素描;B,b—豆形拳蟹的爬行迹(右上角为造迹生物)及其素描。

图 4-8　豆形拳蟹造的遗迹

### 三、分流间湾遗迹

（一）泥螺造的遗迹

泥螺（*Bullacta exarata*）属软体动物门腹足纲，贝壳尺寸为中型，呈卵圆至球形。壳长19～20 mm，壳宽13.5～14 mm。壳薄而质脆，呈半透明、白色，有光泽。螺旋部向内卷入体螺层内，在壳顶中央形成一个浅凹，但不形成洞穴。壳顶部呈斜截断状。仅有2个螺层。体螺层膨胀，为贝壳之全长。壳表覆有薄的灰黄至褐色壳皮，雕刻有精细、密集的沟状螺旋线。泥螺主要分布在泥坪和混合坪沉积物表面，退潮后在沉积物表面爬行，有时潜于沉积物表层以下1～3 cm处，以有机碎屑、底栖藻类、无脊椎动物的卵、幼体和小型甲壳类等为食。泥螺造的遗迹主要为拖迹。拖迹是其在底表运动时产生的极浅的条带状痕迹，一般宽度约为0.5 cm，可见长度一般为15～30 cm，拖迹形状一般有直形、微弯曲形、任意弯曲型等，无分支。该拖迹形状与沉积物含水率和粒度有关，在粒度较细的泥质沉积物表面，拖迹为极浅的带状，中部平滑平坦，两侧各形成一条略高于底表的细沙脊（图4-9A）。泥螺造的遗迹多产生于含水率高的泥质沉积物表面，所以该遗迹较难保存。泥螺行动缓慢，它将用头盘掘起的泥沙与身体分泌的黏液混合并包披在身体表面，像一堆凸起的泥沙，起着保护作用（图4-9B）。

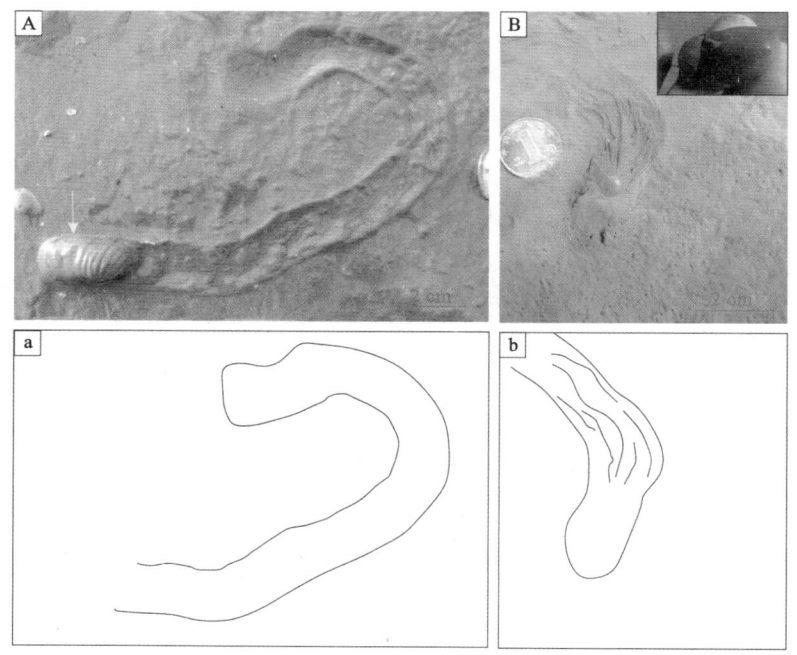

A，a—泥螺的拖迹（黄色箭头指示的为造迹生物）及其素描；
B，b—泥螺用头盘掘起的泥沙包披身体（右上角为造迹生物）及其素描。

图4-9　泥螺造的遗迹

（二）红带织纹螺造的遗迹

红带织纹螺（*Nassarius succinctus*）属于软体动物门腹足纲，贝壳略呈纺锤形，壳质较坚硬。壳表呈棕黄色或黄白色。壳高为 17～21 mm,壳宽为 9～12 mm。螺层约 9 层,缝合线明显。螺旋部较高,体螺层中部膨胀,基部收窄,近壳顶数层螺层有明显的纵肋和极细的螺肋,在其他螺层上,纵肋和螺肋均不明显,在缝合线近下方有一条螺旋形沟纹,体螺层的基部也有 10 多条螺旋形沟纹。壳口内表面呈黄白色,具 3 条红褐色色带,前后各有一个深沟,外唇背侧有一粗大的黄白色纵肋,内缘下方生有 1 列细齿,内唇呈弧形,其上缘贴覆在体螺层上,边缘具细的小齿。红带织纹螺造的遗迹主要是爬行迹,宽度为 0.5 cm,长度为 15～35 cm。该爬行迹多为 U 形带状遗迹,形态为弯曲形,有多个转弯,多个爬行迹常交叉缠绕。在含水率适中的底层中,遗迹中间会留下清晰的蹼状构造(图 4-10A);在含水率较高的底层中,带状爬行迹显示为犁沟状,两侧的沙脊较明显,中间的蹼状构造却模糊不清(图 4-10B)。

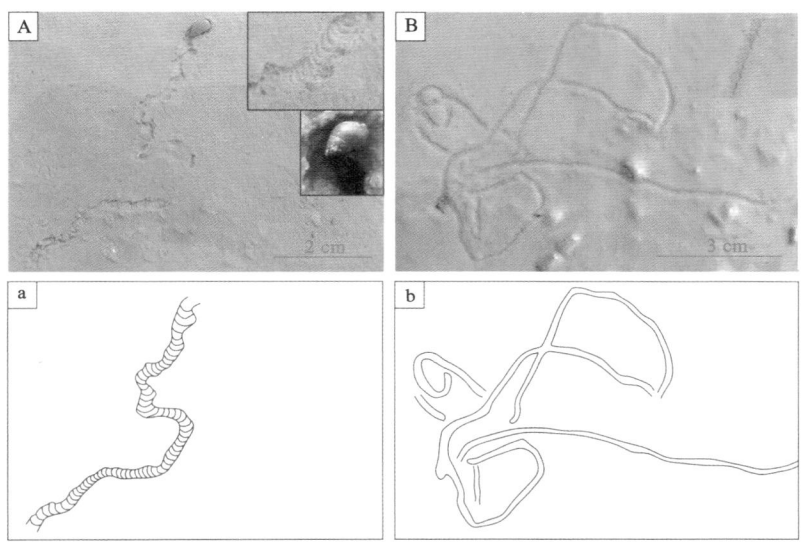

A,a—带蹼状构造的红带织纹螺觅食迹(右上角为蹼状构造及其造迹生物)及其素描;
B,b—不带蹼状构造的红带织纹螺觅食迹及其素描。

图 4-10　红带织纹螺造的遗迹

（三）双齿围沙蚕造的遗迹

双齿围沙蚕(*Perinereis aibuhitensis*)属环节动物门多毛纲,研究区观察到的沙蚕体长为270 mm,体宽(含疣足)为10 mm,具230个刚节。其幼虫以浮游生物为食,成虫以腐殖质为食。该沙蚕主要分布在混合坪和含泥量相对较高的砂质沉积环境中。该沙蚕造的遗迹主要为觅食迹、居住迹和排泄迹。觅食迹的形态为直形和弯曲形。如果该沙蚕的觅食迹较密集,它们可能会相交。在爬行过程中,沙蚕的疣足可能会留下细小的足迹。在含水率适中的沉积底层中,两侧的沙脊底部会留下疣足的痕迹(图 4-11D);在含水率较高的沉积底层中,沙蚕疣足的痕迹模糊不清(图 4-11A)。其潜穴口是次圆状的,周围有粪球粒。潜穴口直径为 2～5 mm,潜穴口周围的爬迹长度为 1.5～3 cm。层面觅食迹是双齿围沙蚕在底层表面觅食时留下的,常呈浅 U 形,长 3～10 cm,宽 1～2 mm,直形或弯曲形,不出现分支,两端常与居住潜穴洞口相连。层内居住迹是双齿围沙蚕潜入沉积物内部时形成的管状居住潜

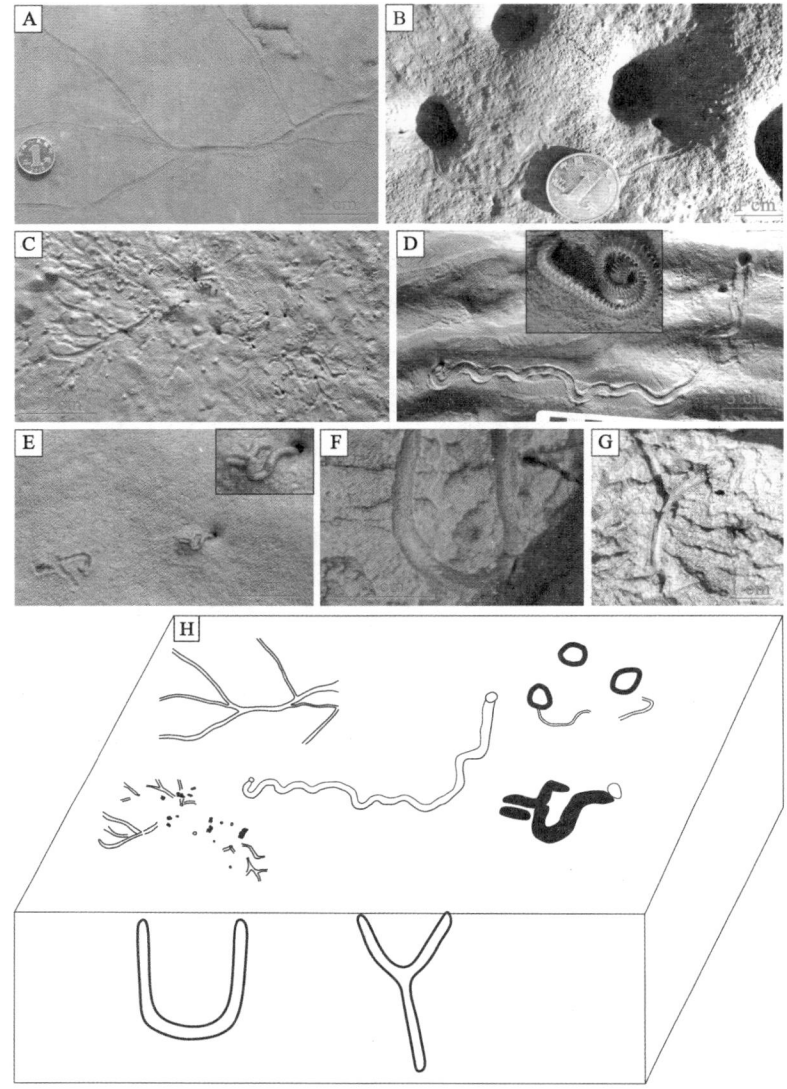

A—汤底中双齿围沙蚕的爬行迹;B—螃蟹潜穴口旁边的双齿围沙蚕的爬行迹;C—双齿围沙蚕的星射状觅食迹;
D—弯曲型双齿围沙蚕的爬行迹(右上角为造迹生物);E—双齿围沙蚕潜穴旁的粪球粒(右上角为粪球粒);
F—双齿围沙蚕的 U 形潜穴;G—双齿围沙蚕的 Y 形潜穴;H—双齿围沙蚕造的遗迹素描。

图 4-11　双齿围沙蚕造的遗迹

穴,呈圆形,等径,其直径大小与沙蚕大小有关,双齿围沙蚕潜穴直径为 1~2 mm,深度一般
为 5~8 cm,有垂直管状、Y 形、U 形,穴壁光滑(图 4-11F~G)。双齿围沙蚕有时也会寄居
在螃蟹潜穴内,推测这可能是由于在爬行过程中它突遇敌人而躲藏在螃蟹潜穴内,或在沉
积物表面觅食时,由于层面有机质较少,它钻进螃蟹潜穴内觅食(图 4-11B)。双齿围沙蚕造
的潜穴穴口在表层呈圆形,穴口有粪球粒产生(图 4-11E),粪粒直径为 1~2 mm,在穴口呈
圆锥状粪丘分布或散布于穴口周围。由于双齿围沙蚕密度较高,其对表层以下 20 cm 深以

内沉积物的扰动程度较高。双齿围沙蚕觅食时其半身伸出穴口,摄食沉积物表面的藻类和有机物,稍有动静就迅速缩回穴内,其身体反复伸出穴口觅食,在穴口就形成了几条 1~3 cm 长度不等的拖迹,沿穴口呈星射状分布,形成星射状觅食迹(图 4-11C)。通过对双齿围沙蚕潜穴做 CT 扫描及三维重构,可以清晰地观察到其层内潜穴的三维形态,为 Y 形和 I 形(图 4-3C)。较大的绿色 Y 形潜穴为成虫潜穴,上部的 U 形与下部的弯曲形柱状基本等径,直径约为 2 mm,下方的弯曲形柱体延伸较深,约为 55 mm。较小的绿色 Y 形和紫色 I 形潜穴为幼虫潜穴。较小的绿色 Y 形潜穴直径约为 3 mm,整体较短,向下延伸 10 mm;紫色 I 形潜穴较小,直径为 1~3 mm 不等,长为 8~12 mm 不等,较分散。

（四）四角蛤造的遗迹

四角蛤(*Mactra veneriformis*)属于软体动物门双壳纲,贝壳坚厚,两侧略等称,略呈四角形,表面具同心圆的轮脉,两壳极膨胀,壳长为 32~48 mm,壳宽为 23~37 mm,壳高为 30~46 mm。四角蛤常潜伏于沉积物表层以下 5~6 cm 处,以海水中的浮游生物、藻类和各种残渣为食。其壳长略大于壳高,壳宽约为壳高的 4/5。它主要栖息于潮间带混合坪和砂坪,底内穴居。四角蛤造的遗迹主要是层内居住迹,潜穴整体上与底表垂直,分为上部的虹吸管穴道和下部的壳体穴室两部分。上部的虹吸管穴道近似呈圆柱形,长度为 2~3 cm,穴径为 0.3 cm 左右,在沉积物表面为圆形穴口;下部的壳体穴室与动物壳体形状一致,长度为 3.1~3.3 cm,宽度为 0.5~1 cm,表面光滑(图 4-12A)。有时潜穴不与底表垂直,而是轻微倾斜(图 4-12B)。这一点与四角蛤层内潜穴的三维图像是对应的(图 4-3D),黄色的倾斜柱体为四角蛤的潜穴,长度为 35 mm,直径为 4.5 mm,周围的绿色壳体已经钙化,并且可以观察到托氏昌螺的壳体,说明托氏昌螺和四角蛤生活在同一沉积环境中。从一定程度上来说,建造潜穴的过程主要取决于造迹生物的食物需求和稳固潜穴的能力。当水流冲刷后露出沉积物时,四角蛤会利用其发达的斧足的收缩作用进行挖掘。从底层表面的潜穴开孔来

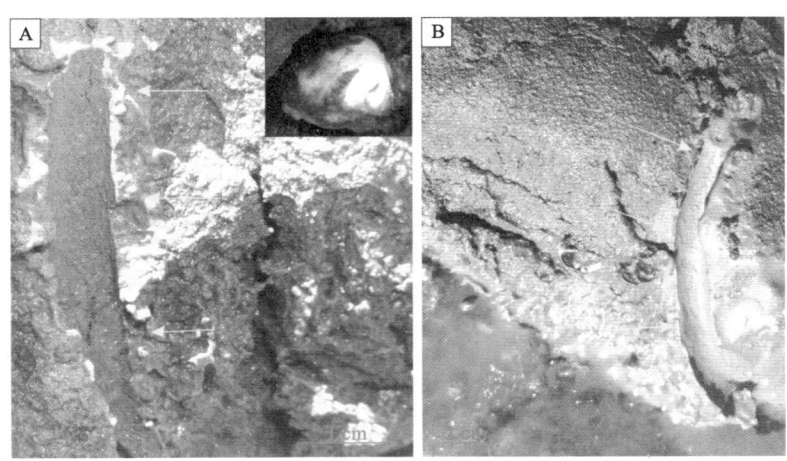

A,a—垂直底表的四角蛤潜穴(黄色箭头指示潜穴)及其素描;
B,b—斜交底表的四角蛤潜穴(黄色箭头指示潜穴)及其素描。

图 4-12　四角蛤造的遗迹

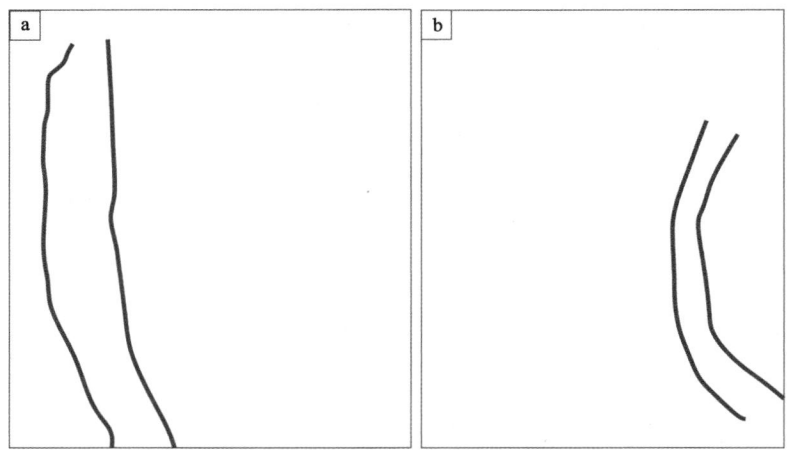

图 4-12（续）

看,四角蛤潜穴与双齿围沙蚕的潜穴有显著差异,四角蛤潜穴在底层表面的开孔一般为单孔,直径为 3 mm 左右,孔口与底层表面齐平,周围无泥粒或粪粒。双齿围沙蚕潜穴在底表的穴口明显小于四角蛤的穴口,直径为 1～2 mm,且双齿围沙蚕潜穴一般较密集,部分穴口处有粪粒或星射状分布的觅食拖迹。

## 第三节　黄河三角洲前缘生物遗迹群落

### 一、分流间湾生物遗迹群落

日本大眼蟹-泥螺遗迹群落(似 *Psilonichnus-Gordia* 现代生物遗迹群落)主要以层内的 Y 形居住潜穴和进食潜穴似 *Psilonichnus* 以及层面泥螺爬行迹似 *Gordia* 为主;包括的主要造迹生物有日本大眼蟹、红带织纹螺、泥螺和弹涂鱼。主要的现代生物遗迹有泥螺层面的拖迹,类似 *Gordia*、*Helminthoidichnites*、*Arthrophycus* 和 *Permichnium* 遗迹化石,日本大眼蟹层内 Y 形居住潜穴和进食迹类似 *Psilonichnus* 遗迹化石,U 形居住潜穴和进食迹类似 *Arenicolites* 遗迹化石,螃蟹洞口的痕迹类似 *Asterosoma* 遗迹化石,腹足类泥螺的层面觅食迹类似 *Gordia* 和 *Psammichnites* 遗迹化石。红带织纹螺的层面觅食迹类似 *Taenidium* 遗迹化石;跳跳鱼的层内潜穴类似 *Psilonichnus* 遗迹化石,层面爬行迹类似 *Psilonichnus-Gordia* 遗迹化石。

现代生物遗迹群落主要分布于黄河三角洲前缘水下分流间湾位置。该现代生物遗迹群落与三角洲平原上的似 *Steinichnus-Skolithos* 现代生物遗迹群落及似 *Steinichnus-Diplichnites* 现代生物遗迹群落的差别均较大。该群落的现代生物遗迹丰度和分异度均较大,沉积底层沉积物为粉砂质泥岩或泥质粉砂岩。该区域环境类似潮间带和潮坪。日本大眼蟹和腹足类的层面和层内觅食迹为这一区域现代生物遗迹群落的显著特征。黄河三角洲前缘分流间湾生物遗迹群落素描如图 4-13 所示。

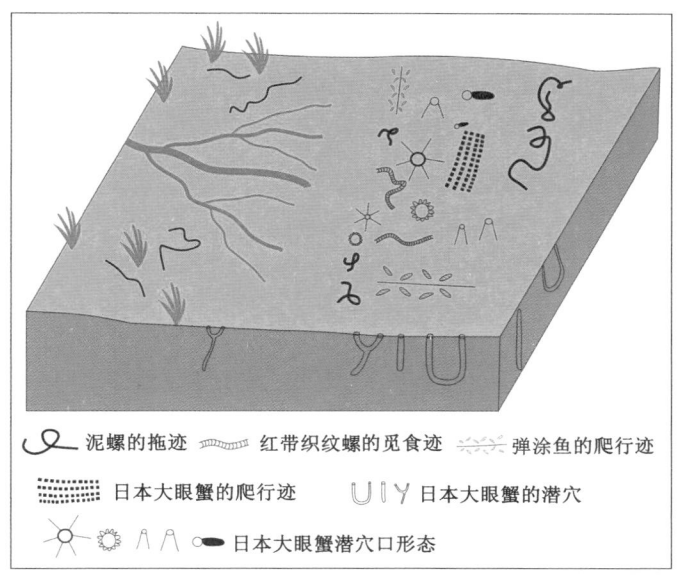

图 4-13 黄河三角洲前缘分流间湾生物遗迹群落素描

## 二、水下分流河道生物遗迹群落

双齿围沙蚕-四角蛤遗迹群落（似 *Polykladichnus-Skolithos* 现代生物遗迹群落）主要以层面爬行迹和层内居住潜穴为主，其造迹生物包括双齿围沙蚕、四角蛤、托氏昌螺、豆形拳蟹、竹蛏、棒锥螺和秀丽织纹螺等。黄河三角洲前缘水下分流河道遗迹群落素描如图 4-14 所示。其中，双齿围沙蚕的层面觅食迹类似 *Archaeonassa* 遗迹化石；双齿围沙蚕的层内潜

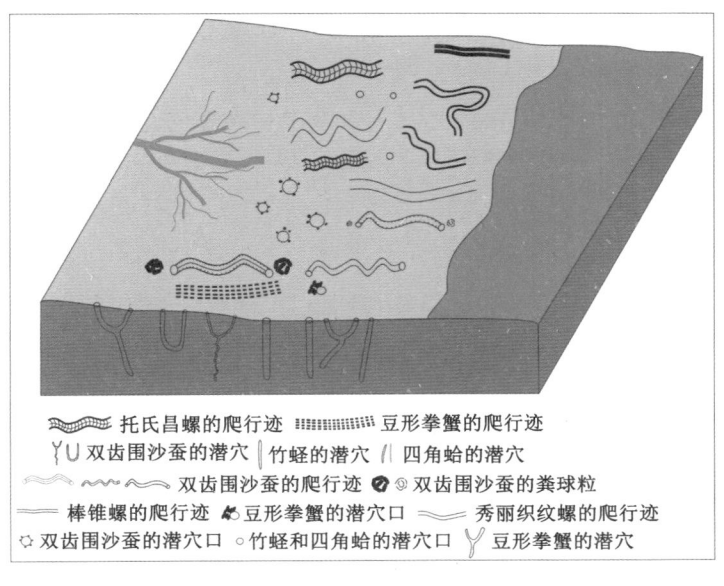

图 4-14 黄河三角洲前缘水下分流河道遗迹群落素描

穴类似 *Polykladichnus* 和 *Arenicolites* 遗迹化石;四角蛤的层内潜穴类似 *Skolithos* 遗迹化石;托氏昌螺的层面爬行迹类似 *Archaeonassa* 遗迹化石;豆形拳蟹的层面爬行迹类似 *Diplichnites* 遗迹化石;豆形拳蟹的层内居住潜穴类似 *Psilonichnus* 遗迹化石;竹蛏的层内居住潜穴类似 *Skolithos* 遗迹化石;棒锥螺的层面觅食迹类似 *Archaeonassa* 遗迹化石;秀丽织纹螺的层面觅食迹类似 *Archaeonassa* 遗迹化石。似 *Polykladichnus-Skolithos* 现代生物遗迹群落分布在黄河三角洲前缘水下分流河道。黄河三角洲前缘水下分流河道同时受到潮汐和河水的影响,其沉积底层粒度比分流间湾的要粗,相对含水量较高,可以形成潜穴状生物遗迹。其沉积底层有机质丰富,为生物提供了良好的食物来源,生物量比较繁盛。

# 第五章 黄河三角洲潮坪
# 现代生物遗迹特征

## 第一节 黄河三角洲潮坪地理及沉积特征

### 一、地理特征

黄河的中游是暴雨期间容易发生大规模侵蚀的黄土高原,黄河 90% 的输沙量都是靠此积累的。因此,黄河被称为世界排沙量第二的河流。黄河水系每年排沙量可达 $1.06 \times 10^8$ t(Mckee et al.,2004;Fan et al.,2018)。高含沙量加快了黄河三角洲建设和发展的进程,并在黄河三角洲边缘形成了广阔的潮间带泥滩。黄河三角洲的进积速率为横向加积速率 $0.08 \sim 0.3$ km/a(Qiao et al.,2010)。

研究区黄河三角洲下三角洲平原河口南侧潮坪位于东经 $119°0' \sim 119°10'$、北纬 $37°37' \sim 37°43'$ 范围内,主要受波浪和不规则的半日潮汐控制,平均潮差介于 $0.73 \sim 1.77$ m 之间,平均速度介于 $0.5 \sim 1.0$ m/s 之间(Ji et al.,2020)。波浪具有季节性,平均波高为 0.59 m,最高可达 5.3 m。风暴潮通常发生在 $4 \sim 5$ 月份和 $7 \sim 8$ 月份,其高低与当地天文潮汐性质密切相关(Liu,1987;Liu,2010)。温度介于 $8 \sim 36$ ℃,平均降雨量达 600 mm(Gao et al.,1989)。

潮坪面积广阔,从卫星地图上可以清晰看到大量的树枝状潮沟,踏勘后发现该区域微地形复杂。坡度自边岸向内陆缓慢增加,通常小于 $0.6°$(Fu,2002)。潮坪潮流为往复流,通常情况下与海岸线平行,研究区于涨潮时被海水淹没,落潮后露出水面,而且落潮流速小于涨潮流速,因此随着涨潮流而来的悬浮物沉积后,就很难被落潮流搬运回去(王翠等,2021)。潮坪沉积环境从上到下依次为潮上带、潮间带以及潮下带(王媛媛等,2019),随往复潮汐带来的自黄河入海的悬浮泥沙为主要的沉积物来源(薛春汀等,1993)。底栖生物丰富,其现代生物遗迹的组合和分布特征鲜明。

选取黄河三角洲南部潮坪的现代生物遗迹作为野外考察对象,内容包括形态学、沉积学和遗迹学的调查。通过手持全球定位系统(GPS)绘制地面地图,确定了 32 个采样点,其连线大多平行或垂直于海岸线(图 5-1),并在沉积物或生物分布不均匀的地区额外采样。在各个采样点处测算每平方米生物密度,采集离层面 20 cm 深的沉积物样品并进行粒度和总有机碳(TOC)含量分析。在大多数采样点处采集水样,测定盐度和浑浊度。

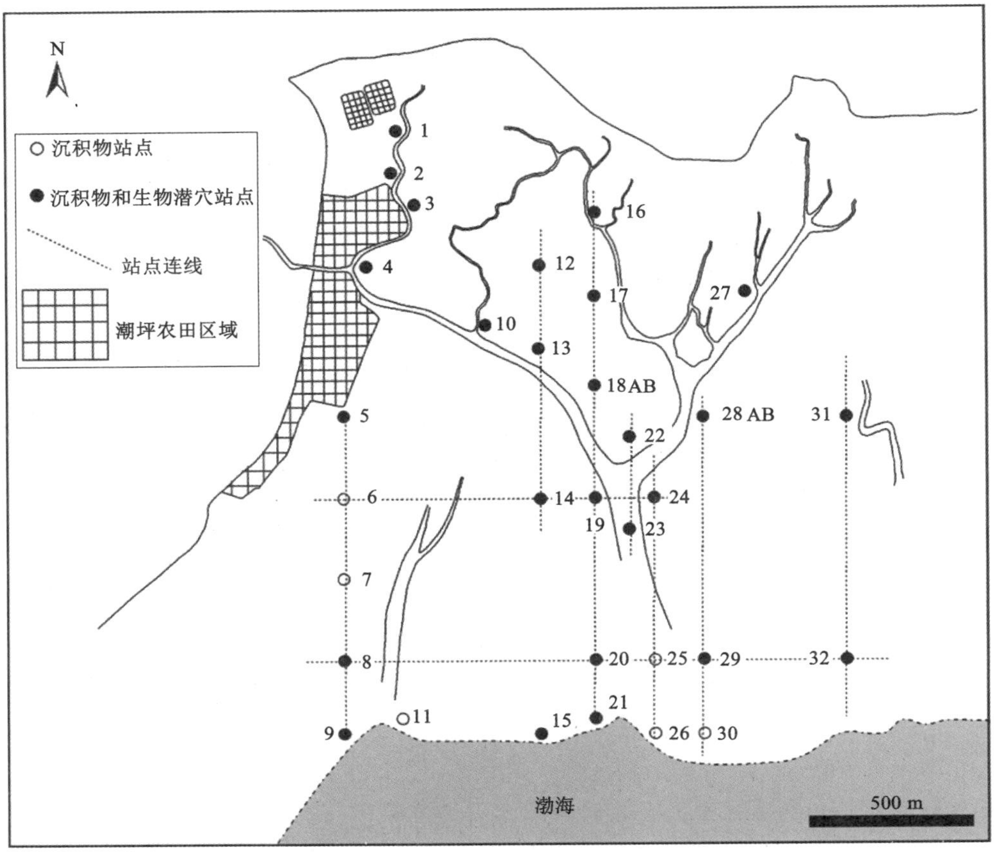

图 5-1　黄河三角洲潮坪站点分布图

## 二、沉积特征

(一)物理沉积构造特征

研究区潮上带虽然属于低能环境,但是泥沙有丰富的来源,潮汐的涨落潮及水能的增强和减弱均有规律可循。沉积构造发育,包括水平层理、波状层理、丘状交错层理、板状交错层理、软沉积变形(图 5-2A)、潮汐韵律层理(图 5-2C～D)和生物扰动变形。沙泥互层的水平层理多在低能环境产生,由涨潮和落潮携卷的砂质与原本的泥质沉积物交互沉积形成。软沉积变形形成于涨潮时的上潮道分岔处(Maceachern et al.,2005;钟健华等,2019;陈吉涛,2020)。这部分泥沙主要为饱和水黏土和细粉砂,泥沙内部的附着力很低,所以在涨潮时容易在潮汐通道两侧形成泥沙变形。研究区潮汐韵律层理是由于潮流的周期性变化而形成的砂质沉积物和泥质沉积物的韵律互层。生物扰动变形的规模与扰动体的大小有关,其形态取决于生物体的行为特征。层面上的沉积物间歇性地暴露在干燥环境中,并发育泥裂、盐沼(图 5-2B)。潮上带沉积物沉积时间短,在平面上留下的潮汐痕迹很少。

研究区潮间带范围广,远离潮汐通道的物理沉积构造相对简单,潮汐通道附近的相对

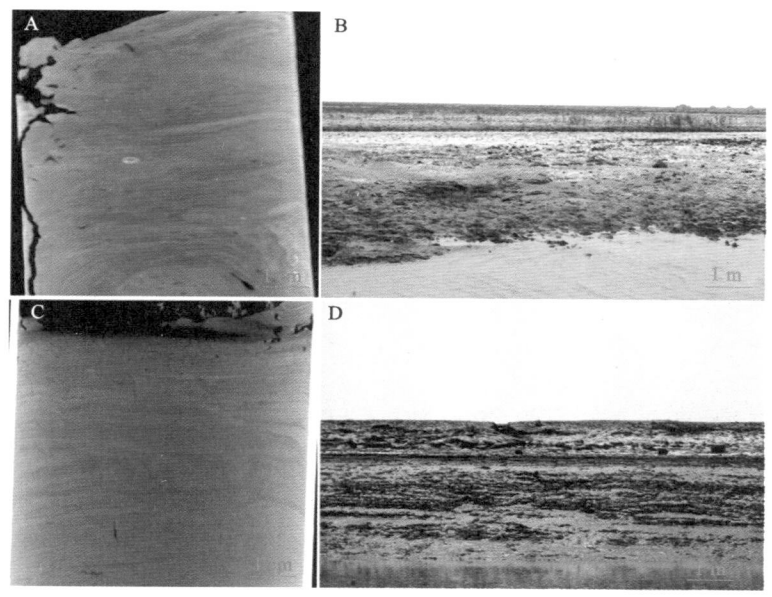

A—软沉积变形；B—盐沼；C~D—潮汐韵律层理。

图 5-2　黄河三角洲潮上带典型沉积构造

复杂,其典型沉积构造主要包括丘状层理、波状层理(图 5-3A)、砂泥互层的平行层理(图 5-3B)、生物扰动变形和软沉积变形。潮流与沿岸线方向多为垂直、平行或斜交,所以这部分沉积物表面有丰富的波痕,常见浪成波痕(图 5-3C)。在通常情况下,远离潮汐通道的潮间带沉积物间歇性地淹没、暴露,会发育轻微泥裂(图 5-3D)。

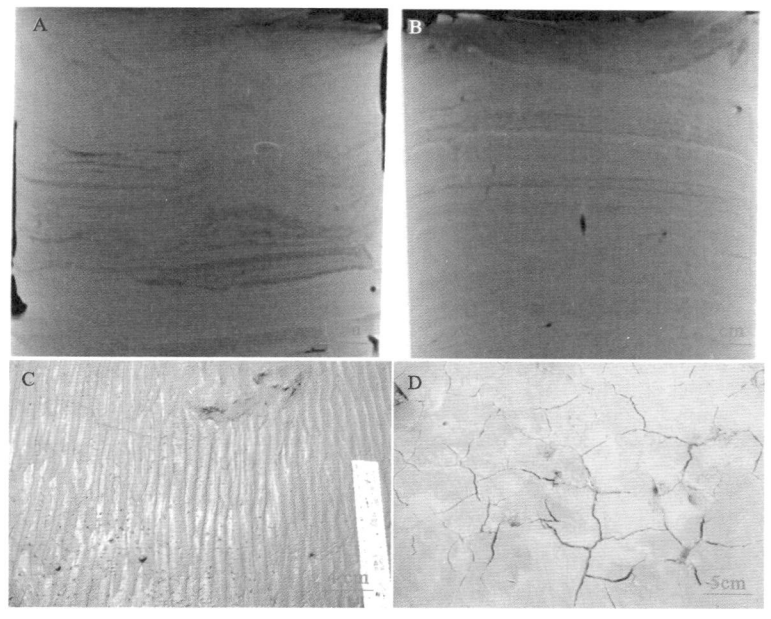

A—波状层理；B—平行层理；C—浪成波痕；D—泥裂。

图 5-3　黄河三角洲潮间带典型沉积构造

研究区潮下带受海洋影响较大,属于高能环境。水动能强,潮流流量和流速大,导致富含水分的沉积物快速沉积,极易产生软沉积变形(图 5-4A),沉积物的生物扰动变形构造也容易出现。在海洋重力流的影响下,物理沉积构造中的沙泥分布不均匀,且其分布比例大于潮上带中的分布比例。该区域层面上有大量的对称波痕(图 5-4B)和生物扰动痕迹。

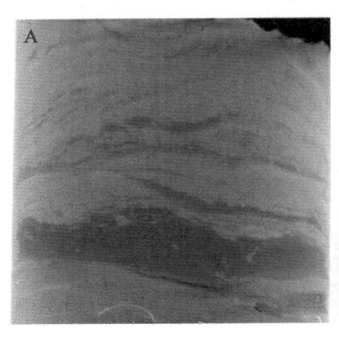

A—软沉积变形;B—对称波痕。

图 5-4　黄河三角洲潮下带典型沉积构造

(二)沉积物粒度特征

研究区多为细粒沉积物,以粉质黏土和砂质粉砂为主,极细砂的含量极少。粒径分布集中,尤其是潮下带主要粒径最为明显(图 5-5)。样品分选度受物源控制(金秉福,2012),其数值介于 0.01~0.04 之间(表 5-1),因此按照传统分类方式(Mcmanus,1988;贾建军等,2002),研究区的沉积物分选度几乎均小于 0.035,分选极好(图 5-6),说明沉积物来源相似。

沉积物粒度从潮下带到潮上带有着逐渐变小的趋势(图 5-6)。受多变的海洋控制的潮下带为高能低潮区,波浪活动对其影响最大,且其作用时间都长于潮坪的其他部位。因此,

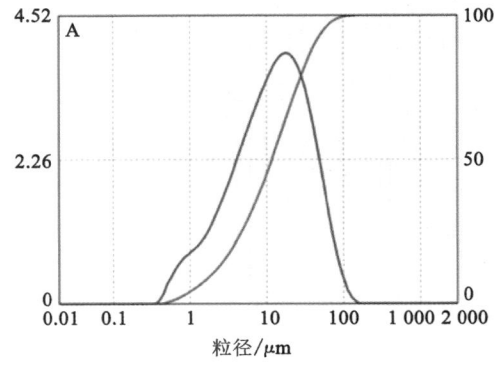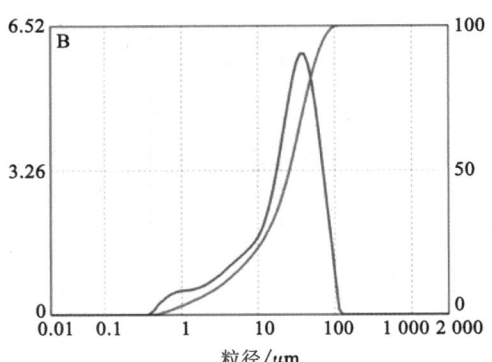

A~B—潮上带;C~D—潮间带;E~F—潮下带。

图 5-5　黄河三角洲潮坪不同沉积环境粒度分析曲线

(纵坐标左边和红线代表微分分布,纵坐标右边和蓝线代表累积分布)

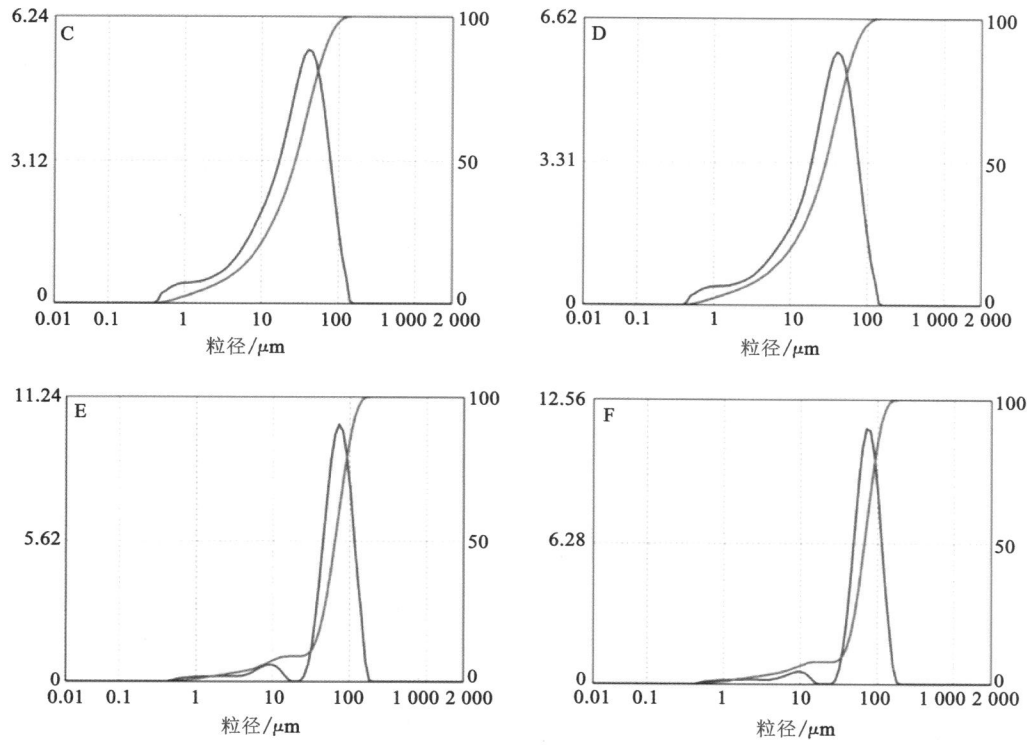

图 5-5(续)

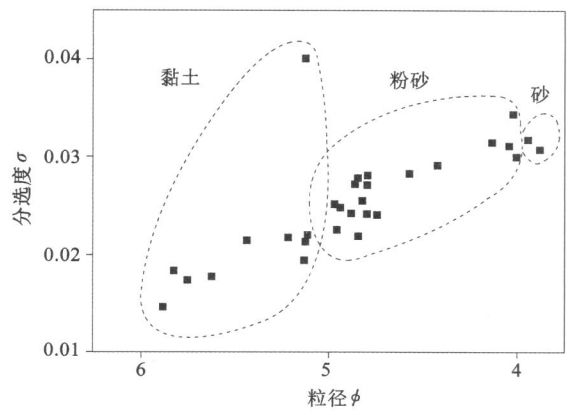

图 5-6　黄河三角洲潮坪沉积物的粒径和分选度的关系

(样品的粒度主要分为 3 类:黏土,粉砂,砂)

以极细砂为主的粗粒沉积物会随着潮汐和波浪的往复运动而逐渐沉降。被潮汐搬运的大颗粒的砂质物质在水流和风的影响下破碎形成粗细混杂的物质,在长距离搬运和稳定的水动力影响下而逐渐分异,缓慢沉降形成了砂质粉土和粉质黏土。在野外踏勘取样期间,笔者发现研究区最北端属于低能高潮区,水动力最弱,尤其远离潮汐通道的区域长期处于暴露状态,在潮汐海水侵蚀以及退潮后强烈蒸发的影响下,该区域可发育盐碱地和盐沼,可见少量的动物足迹、石盐晶体以及稀疏的植被。

　　按照传统分类方式(Mcmanus,1988;贾建军等,2002),研究区沉积物偏度在−0.581～−0.07之间(表5-1),呈负偏斜形或近对称形[图5-7(a)]。在通常情况下,潮上带盐碱地的物源单一,水动能弱,介质沉积速度较为稳定,因此粒度累积分布曲线(蓝线)大多是单峰近对称形(图5-5A),偏度近乎对称(−0.1～0.1)。然而,潮汐通道两侧及潮间带的沉积物被反复冲刷和分选,随后搬运与已有沉积物混合沉积,因此粒度累计分布曲线大多是单峰不对称形(图5-5B～D),偏度呈很负偏态(−1.0～−0.3)和负偏态。潮下带受到海水的影响作用强烈,粒度累积分布曲线呈现出明显的尖锐双峰不对称形(图5-5E～F),偏度呈负偏态(−0.3～−0.1),表明有新增沉积物。

表5-1　黄河三角洲潮坪样品粒度、盐度、浑浊度和 TOC 等参数

| 站点 | 粒径 D/mm | 粒径 φ | 分选度 σ | 偏度 | 峰度 | 盐度/‰ | 浑浊度/NTU | TOC/% |
|---|---|---|---|---|---|---|---|---|
| 1 | 0.018 | 5.821 | 0.018 | −0.007 | 5.766 | — | | 0.189 |
| 2 | 0.019 | 5.747 | 0.017 | −0.220 | 4.998 | — | | 0.473 |
| 3 | 0.020 | 5.623 | 0.018 | −0.276 | 4.998 | 15.4 | 32.403 | 0.247 |
| 4 | 0.036 | 4.792 | 0.028 | −0.310 | 4.104 | 12.7 | 231.800 | 0.171 |
| 5 | 0.017 | 5.883 | 0.015 | −0.374 | 5.065 | — | | 0.489 |
| 6 | 0.035 | 4.848 | 0.022 | −0.236 | 3.256 | — | | 0.106 |
| 7 | 0.036 | 4.798 | 0.024 | −0.365 | 3.358 | — | | 0.128 |
| 8 | 0.037 | 4.748 | 0.024 | −0.314 | 2.894 | — | | 0.144 |
| 9 | 0.032 | 4.954 | 0.022 | −0.339 | 3.844 | — | | 0.141 |
| 10 | 0.027 | 5.214 | 0.022 | −0.397 | 5.540 | 19.50 | 87.388 | 0.288 |
| 11 | 0.034 | 4.886 | 0.024 | −0.453 | 4.104 | — | | 0.118 |
| 12 | 0.029 | 5.111 | 0.021 | −0.310 | 3.731 | 19.00 | 92.535 | 0.143 |
| 13 | 0.029 | 5.115 | 0.022 | −0.309 | 4.229 | 20.05 | 936.400 | 0.202 |
| 14 | 0.029 | 5.125 | 0.040 | −0.086 | 3.618 | 21.25 | 57.493 | 0.318 |
| 15 | 0.042 | 4.577 | 0.028 | −0.296 | 3.358 | — | | 0.165 |
| 16 | 0.023 | 5.434 | 0.021 | −0.032 | 4.477 | — | | 0.278 |
| 17 | 0.035 | 4.843 | 0.028 | −0.557 | 5.699 | 21.85 | 384.800 | 0.098 |
| 18A | 0.033 | 4.934 | 0.025 | −0.489 | 5.144 | 22.50 | 236.125 | 0.154 |
| 18B | 0.035 | 4.825 | 0.026 | −0.372 | 4.353 | — | | 0.154 |
| 19 | 0.047 | 4.425 | 0.029 | −0.338 | 2.894 | 23.15 | 178.925 | 0.120 |
| 20 | 0.034 | 4.858 | 0.027 | −0.581 | 5.291 | — | | 0.110 |
| 21 | 0.043 | 4.542 | 0.030 | −0.243 | 3.731 | 22.25 | 886.050 | 0.124 |
| 22 | 0.029 | 5.129 | 0.021 | −0.146 | 3.618 | 13.10 | 32.910 | 0.180 |
| 23 | 0.029 | 5.129 | 0.021 | −0.146 | 3.618 | 13.10 | 32.910 | 0.180 |

表 5-1(续)

| 站点 | 粒径 $D$/mm | 粒径 $\phi$ | 分选度 $\sigma$ | 偏度 | 峰度 | 盐度/‰ | 浑浊度/NTU | TOC/% |
|---|---|---|---|---|---|---|---|---|
| 24 | 0.033 | 4.939 | 0.025 | −0.296 | 4.104 | 23.75 | 346.725 | 0.239 |
| 25 | 0.057 | 4.133 | 0.031 | −0.199 | 2.295 | 24.10 | 58.250 | 0.050 |
| 26 | 0.062 | 4.022 | 0.034 | −0.273 | 2.103 | 24.45 | 17.968 | 0.073 |
| 27 | 0.028 | 5.134 | 0.019 | −0.364 | 3.256 | 27.45 | 845.775 | 0.191 |
| 28A | 0.036 | 4.794 | 0.027 | −0.322 | 4.104 | 26.25 | 255.100 | 0.138 |
| 28B | 0.032 | 4.963 | 0.025 | −0.313 | 4.104 | — | — | 0.210 |
| 29 | 0.068 | 3.882 | 0.031 | −0.102 | 1.470 | 23.65 | 394.600 | 0.048 |
| 30 | 0.065 | 3.945 | 0.032 | −0.191 | 1.470 | 23.50 | 332.925 | 0.058 |
| 31 | 0.061 | 4.040 | 0.031 | −0.079 | 1.696 | — | — | 0.082 |
| 32 | 0.062 | 4.003 | 0.030 | −0.286 | 1.357 | — | — | 0.106 |

注:粒径 $\phi$ 由粒径 $D$ 转化而来,其关系为 $\phi = -\log_2 D$。

　　峰度是衡量频率曲线凸度的参数。由图 5-7(b)可以看出,从潮下带到潮上带峰度值呈变大的趋势。若按照 Mcmanus 法来划分(Mcmanus,1988),黄河三角洲潮坪沉积物峰值介于 1.03～1.42 之间的占总站点数的 3%,介于 1.42～2.75 之间的占 15.2%,介于 2.75～4.5 之间的占 27.3%,大于 4.5 的占 51.5%,说明研究区的峰态从相对尖锐到非常平坦的比例逐渐增大。若根据峰数来划分,潮上带和潮间带均为单峰(图 5-2A～D)。潮上带最北部峰度最高(5.766),中央峰的峰值最大,两侧有相对较宽的粒度较粗和较细的尾部,说明沉积物大多来自同一主体,表层沉积物有相对较低的混杂程度(王翠等,2021)。潮间带曲线偏斜程度较高,因此峰值也较高。潮下带为双峰态,沉积物粒度分布不连续,主要粒径为极细粒组分($\phi$ 为 3～4),也有少量的细粒组分($\phi$ 为 6～10),表层沉积物的混杂程度高,分选较潮上带和潮间带差。

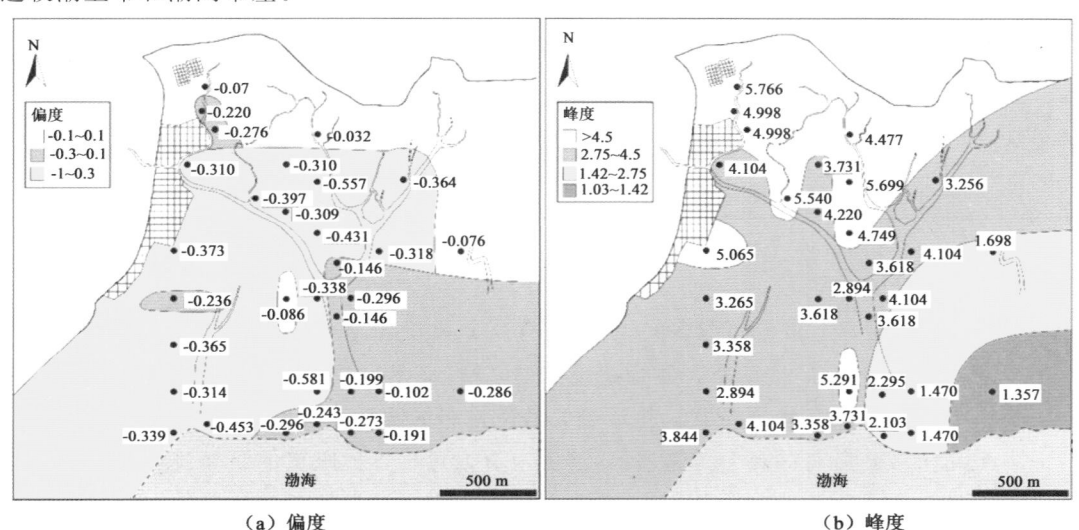

（a）偏度　　　　　　　　　　　　（b）峰度

图 5-7　沉积物偏度和峰度

# 第二节　黄河三角洲潮坪现代生物遗迹形态特征

## 一、潮上带

潮上带底栖生物种类较多,主要包括甲壳类日本大眼蟹和豆形拳蟹,蠕虫状生物双齿围沙蚕,腹足类红带织纹螺和泥螺以及脊椎动物鸟(表5-2)。

表5-2　黄河三角洲潮坪生物扰动率统计

| 环境 | 生物 | 平均潜穴直径/cm | 平均潜穴横截面积/cm² | 占据点比例/% | 平均潜穴密度(个/m²) | 生物扰动/cm² | 生物扰动率/% | 总生物扰动率(微环境)/% |
|---|---|---|---|---|---|---|---|---|
| 潮上带 | 日本大眼蟹 | 2.19 | 4.22 | 28.13 | 41 | 195.41 | 1.95 | 5.04 |
| | 豆形拳蟹 | 1.40 | 1.54 | 3.13 | 6 | 9.23 | 0.09 | |
| | 双齿围沙蚕 | 0.42 | 0.15 | 12.50 | 405 | 63.21 | 0.63 | |
| | 红带织纹螺 | 0.48 | 0.18 | 6.25 | 8 | 1.35 | 0.01 | |
| | 泥螺 | 0.45 | 0.17 | 6.25 | 569 | 97.32 | 0.97 | |
| | 鸟 | 4.52 | 16.22 | 9.38 | 9 | 139.38 | 1.39 | |
| 潮间带 | 日本大眼蟹 | 3.41 | 9.73 | 12.50 | 31 | 329.35 | 3.29 | 2 946.89 |
| | 双齿围沙蚕 | 0.37 | 0.11 | 3.13 | 1 450 | 155.83 | 1.56 | |
| | 红带织纹螺 | 0.53 | 0.22 | 6.25 | 23 | 4.98 | 0.05 | |
| | 泥螺 | 0.65 | 0.34 | 9.38 | 249 | 89.96 | 0.90 | |
| | 托氏昌螺 | 0.82 | 0.53 | 3.13 | 328 | 173.13 | 1.73 | |
| | 秀丽织纹螺 | 0.49 | 0.19 | 3.13 | 720 | 135.70 | 1.36 | |
| | 四角蛤 | 2.05 | 3.87 | 6.25 | 15 | 65.63 | 0.66 | |
| | 牡蛎 | 13.55 | 144.13 | 3.13 | 2 037 | 293 588.66 | 2 935.89 | |
| | 鸟 | 3.40 | 9.07 | 3.13 | 16 | 145.19 | 1.45 | |
| 潮下带 | 泥螺 | 0.82 | 0.53 | 3.13 | 254 | 134.07 | 1.34 | 22.99 |
| | 秀丽织纹螺 | 0.63 | 0.31 | 3.13 | 42 | 13.09 | 0.13 | |
| | 托氏昌螺 | 1.49 | 1.74 | 3.13 | 1 048 | 1 826.43 | 18.26 | |
| | 四角蛤 | 1.80 | 2.54 | 3.13 | 128 | 325.56 | 3.26 | |

### (一)日本大眼蟹

日本大眼蟹是潮上带分布最多的生物,共有8个采样点,主要栖息在泥质沉积物上层大约10 cm,具有1.95%的扰动率。生物遗迹类型多样,有足辙迹、排泄迹和居住迹。足辙迹呈同心圆线性放射状或U形带状。排泄迹为散乱排布的圆形或椭圆形粪球粒。

站点1:植被是所有站点中最繁盛的,层面上有大量日本大眼蟹的足辙迹和洞穴。从三维扫描结果中可以观察到螃蟹的洞穴(简单的Y形洞穴),洞穴的中部分岔处有瘤状突起以加固潜穴(图5-10A)。猜测这是螃蟹栖息或转身逃跑造成的。

　　站点 2：泥滩上可见植被。层面有少量足辙迹，潜穴呈现 J 形、L 形或 I 形。这些洞穴无衬里。在涨潮和每年的不活动期间，洞穴入口被泥浆封闭。退潮后，当泥滩露出水面时，螃蟹会重新开始掘穴（修复/延长现有的洞穴或挖掘一个新的洞穴），因此随处可见挖掘的洞穴（Rodríguez-tovar et al.，2014）。

　　站点 3：洞口边缘有许多足辙迹。重构后的 3D 照片显示，潜穴呈不规则的、细长形的结构。这样的洞穴常出现在干燥紧实的泥质基底上。

　　站点 4：潮上带点砂坝，沉积物为潮湿的粉砂质，亚圆形的日本大眼蟹潜穴周围排列着不规则的点坑，带有大量的波痕（图 5-8A）。同时，层面上可见从漏斗形开口的边缘辐射出的几条狭窄、直线、短而平滑的运动轨迹。内部洞穴大多为简单的竖直 Y 形和 I 形，其中两个洞穴由日本大眼蟹和双齿围沙蚕共同构建（图 5-10B）。

　　站点 5：有少量的模糊的层面痕迹和植物根系。螃蟹潜穴平均洞径为 2.05 cm，直径相对较小，且多位于饱和水的泥裂缝线上。通过三维重建可以观察到一个简单竖直且光滑的洞穴（图 5-10H）。

　　站点 12：洞穴入口是一个直径为 1.3 cm 的狭窄圆形开口，周围环绕着一个 1～10 cm 的圆形土丘，看起来像小型火山（图 5-8B）。当三维重构潜穴上部复杂的浅层 U 形分支后，从俯视图上看，沉积物表面有多个水平或轻微倾斜的洞穴口连接在一起。

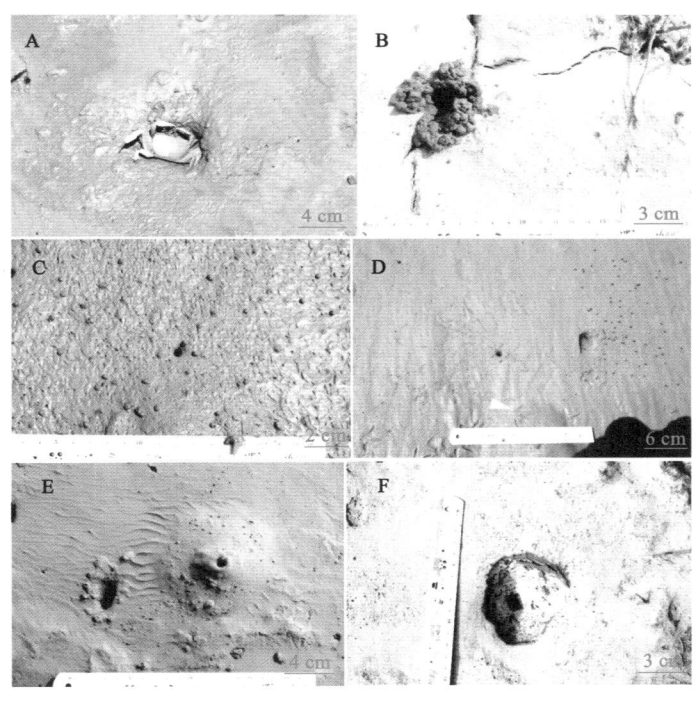

A—站点 4 日本大眼蟹足辙迹及居住迹；B—站点 12 盐碱地日本大眼蟹围墙状居住迹；

C～D—站点 13 和 18 日本大眼蟹足辙迹、居住迹及排泄迹；E～F—站点 22 日本大眼蟹土丘状居住迹。

图 5-8　黄河三角洲潮坪层面日本大眼蟹扰动痕迹

站点13：日本大眼蟹潜穴周围有大量的小粪球，它们以接近圆形的方式环绕在孔径周围，大多数直径为3～5 mm，可能是螃蟹进出时堆积起来的(图5-8C)，并且在层面洞穴口周围呈短小、狭窄且光滑的线性散射辐射。潮汐通道沿岸的3D重构图像显示，日本大眼蟹和双齿围沙蚕共生。螃蟹的洞穴是由陡峭不规则的圆柱形和倾斜或垂直隧道组成的复杂网络，其直径几乎相同。洞穴底部有长圆形瘤状突起。相对较浅的洞穴呈垂直的I形、U形、J形和Y形。相比之下，它的洞穴在另一个站点表现出截然不同的特征，其3D图像为简单的竖直I形潜穴，深度大于10 cm。双齿围沙蚕潜穴具有水平或竖直方向的结构特征。

站点22：层面上的潜穴口是沉积物堆积而成的，看起来像迷你的烟囱。洞口受到波浪的扰动，在一侧留下了波纹，这些洞口周围散落着小粪球和足辙迹(图5-8E)。另一个是直径为2.1 cm下凹的椭圆形洞(图5-8F)。该站螃蟹洞穴形态变化较大。重构潜穴为J形，顶部有明显的漏斗状孔。也有一些简单的竖直或水平U形、J形的洞穴，可延伸到8 cm的深度(图5-10E)。

综上所述，在研究区西北部蛇形潮汐通道的两侧，各站点水动能变化较大，日本大眼蟹的食物来源丰富，生物扰动程度高。然而生物多样性单一，仅有日本大眼蟹一种造迹生物，主要遗迹是居住迹和足辙迹。足辙迹多呈放射状的点坑。大多数潜穴口直径在2～3 cm之间，呈围墙状或漏斗状，也有沉降下凹类似空气坑的构造，三维重构形态多呈Y形，内部沉积物颜色与表层颜色不同。在水动力强的潮汐通道两侧，日本大眼蟹产生强烈扰动，但此时生物如何生存是关键，因此螃蟹挖掘了倾斜或垂直的庇护所。洞穴口形态多样，呈土丘状或鸟尾状，三维重构显示其有复杂的内部构造，呈Y形、U形、L形、I形及分支形潜穴。在环境适宜的区域，潜穴深度较大。

（二）豆形拳蟹

仅分布在东北部潮汐通道边的泥质基底中，0.09%的扰动率在所有站点中是较低的。其生物遗迹主要为足辙迹和居住迹。由于长期受潮水影响，其运动痕迹十分模糊。潜穴口形态单一，表层的泥质突起呈圆形，洞口似鸟尾的部分低于层面，附近有零零散散的粪球粒(图5-9A)。三维重构呈现出典型的Y形、U形和J形潜穴，有沙蚕共生现象(图5-10F)。

（三）双齿围沙蚕

拖迹、觅食迹和居住迹是双齿围沙蚕所产生的主要痕迹，扰动深度通常在8～20 cm之间，生物扰动率仅为0.63%。含水率高的区域层面的拖迹不清晰，含水量适中的区域，觅食迹与细小的潜穴口相连，呈现星射状。内部结构复杂，囊泡状突起大多位于潜穴分岔处，内壁有沙蚕分泌的黏液以加固潜穴。形态多样，有U形、Y形和复杂分支状的潜穴。可以独自掘穴或同其他生物共生。

站点4：位于点砂坝，沉积环境复杂。在点砂坝附近的采样点处，螃蟹潜穴呈Y形，中下部有与螃蟹潜穴相连的分岔细支，猜测此处双齿围沙蚕与螃蟹是共生关系。距离点砂坝较远的采样点处，螃蟹仅有一条主干潜穴，中部有一些细支，不与螃蟹潜穴相连，猜测此处两者无共生关系。

站点13：在距离潮汐通道较近的采样点处，有与螃蟹潜穴相连的复杂分岔细支，中部有大的瘤状突起，猜测此处双齿围沙蚕与螃蟹是共生关系。

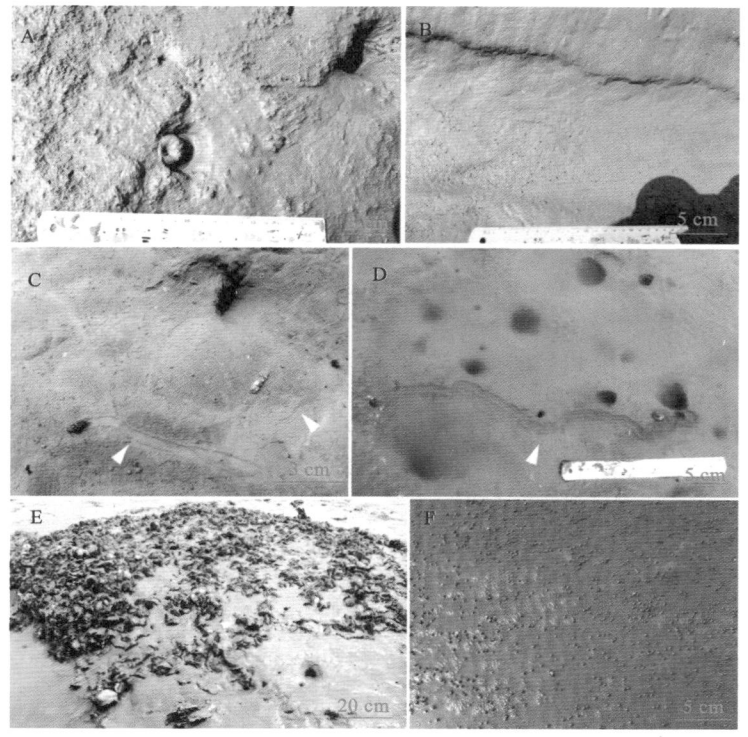

A—站点 27 豆形拳蟹居住迹;B—站点 18 双齿围沙蚕爬行迹;C—站点 7 红带织纹螺及泥螺爬行迹;
D—站点 24 日本大眼蟹居住迹及托氏昌螺爬行迹;E—站点 28 牡蛎居住迹;F—站点 29 托氏昌螺爬行迹。

图 5-9　黄河三角洲潮坪层面生物扰动痕迹

站点 27:在距离潮汐通道附近的采样点,中下部有许多分岔细支。

（四）红带织纹螺

红带织纹螺别名乌螺,属于软体动物门腹足纲,壳体有一条明显的缝合线,尾部较尖,外形光滑。一般生活在含水率高的泥质沉积物中,潮坪表层有呈弯曲犁沟状的爬行迹。层内三维重构潜穴形态复杂,大多数是 I 形,也有 U 形和 Y 形(图 5-10I)。扰动较深,扰动率为 0.01%。

（五）泥螺

泥螺对盐度有较强的适应性,在潮上带主要分布于潮汐通道两侧的泥沙沉积底层中,扰动率为 0.97%。它于表层以下 0～3 cm 处潜伏运动。退潮后,泥螺会浮于泥沙表层并留下呈极浅的带状拖迹,该拖迹两侧有稍稍高于层面的细沙脊。层内多与螃蟹形成共生潜穴。

（六）鸟足迹

鸟类的食物来源主要是中高潮区生长的少量植被以及分布的大量泥螺,因此潮上带和潮间带的沉积物层面上可见足迹数量多且清晰的鸟足迹。其潮上带(1.39%)与潮间带(1.45%)的生物扰动率相近。

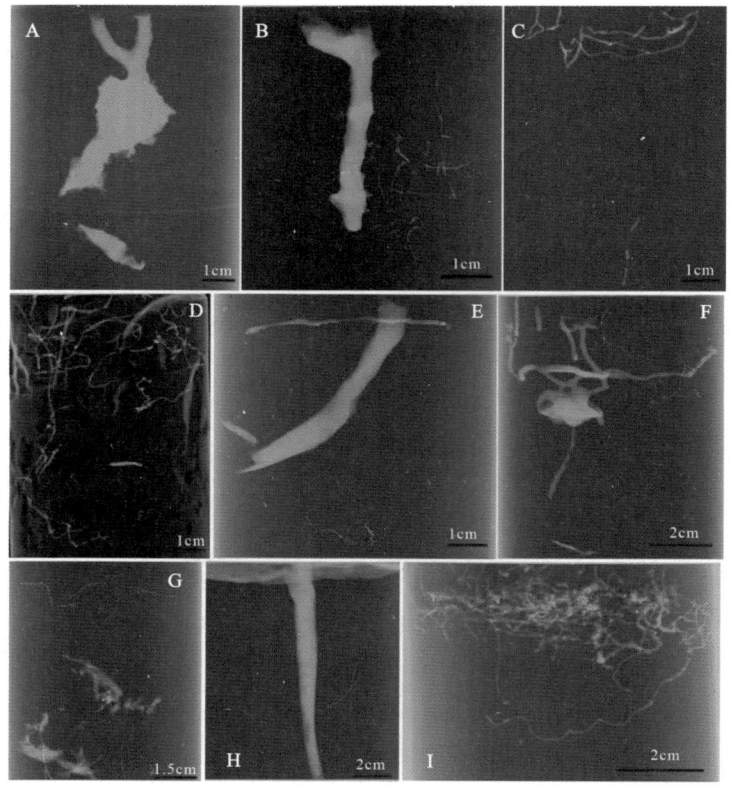

A—站点 1 盐碱地 Y 形日本大眼蟹潜穴；B—站点 4 日本大眼蟹和双齿围沙蚕共生潜穴；

C—站点 15 红带织纹螺潜穴；D—站点 16 多分支状日本大眼蟹潜穴；

E—站点 22 日本大眼蟹和双齿围沙蚕潜穴；F～G—站点 27 豆形拳蟹和双齿围沙蚕共生潜穴；

H—站点 5 日本大眼蟹潜穴；I—站点 10 红带织纹螺潜穴。

图 5-10　X 射线计算机断层扫描图像（潮上带）

综上，潮上带总生物扰动率为 5.04%，总扰动程度最低。潮上带西北区域的盐碱地生物丰度值相对较高，但生物遗迹分异度是最低的，潮汐通道两侧的生物分异度适中。

**二、潮间带**

潮间带有最多的底栖生物种类，主要有甲壳类日本大眼蟹，蠕虫状生物双齿围沙蚕，腹足类红带织纹螺、泥螺、秀丽织纹螺、托氏昌螺，双壳类四角蛤和牡蛎以及脊椎动物鸟。

（一）日本大眼蟹

潮间带日本大眼蟹通常在砂泥质沉积物的表层及内部栖息活动，表层遗迹主要为足辙迹和居住迹，生物扰动率为 3.29%，高于潮上带。由于各点沉积底质的粒度及含水量存在差异，日本大眼蟹的表层痕迹和建造的潜穴口形态多样。足辙迹多呈线性放射状和 U 形带状，遗迹在高含水率的基底中模糊不清，在含水量适中时清晰。潜穴口呈似鸟尾状和下凹的椭圆状。砂泥质沉积物内部潜穴形态多样，主要有 Y 形、U 形、L 形和 I 形。尤其在主潮道两侧的潜穴有瘤状突起，涨潮时日本大眼蟹可以躲居其中。

站点 6:由于沉积物含水饱和,泥裂充分发育,因此只在沉积物表面观察到生物遗迹和潜穴口,没有潜穴的三维结构。

站点 7:在潜穴口的一侧,出现两条线形的、粗糙的、宽短的足辙迹。潜穴口呈鸟尾状,有几小块堆积起来的土丘,沉积物中水充分饱和。因此,本站点未采集 PVC(聚氯乙烯)样品。

站点 18:水动力较强的站点常出现大量大小不一的粪球粒,分布在潜穴口一侧(图5-8D)。左侧洞径约为 0.4 cm,右侧洞径约为 2.1 cm。小的潜穴口可能是小螃蟹建造的。层面上日本大眼蟹挖掘的潜穴口较多,内部形态有 J 形、Y 形和 I 形。三维重构结果显示,在潮汐通道的凹岸上的潜穴由日本大眼蟹和红带织纹螺共同建造,在其凸岸形成的洞穴由日本大眼蟹单独建造。另一个点的三维重构显示了两个简单的竖直 I 形洞穴,深度大于 10 cm,泥螺与螃蟹共生。潮间带站点潜穴平均直径为 1.1 cm。

站点 24:在非常松软且水饱和的沉积物基底中生物痕迹模糊不清,层面上有圆形、椭圆形和漏斗形潜穴口(图 5-9D)。三维重构结果显示日本大眼蟹与托氏昌螺生活在一起。此站点的日本大眼蟹扰动率在潮间带中是最高的。

站点 28:该站点的沉积物显示出较高的含水量。日本大眼蟹留下的一些运动痕迹从开口辐射出来,表面模糊。粪球粒分散在沉淀物中。这种螃蟹在潮间带粉砂质底物上建造的潜穴口低于层面。在复杂的沉积环境中,其三维重构结果显示出丰富的不规则潜穴形态,其平均直径在潮间带站点中最大,为 4.13 cm。

(二)双齿围沙蚕

表层有大量的运动拖迹和觅食拖迹,前者主要呈 U 形、条带状且无分支,后者大多呈星射状,沿潜穴口散布(图 5-9B)。内部潜穴形态呈现 Y 形、J 形、U 形,也有竖直管状的居住或觅食潜穴,通常为圆形穴道,内壁表面有沙蚕分泌的黏液从而使其光滑且有加固潜穴的作用。尤其潮间带含水量高的低洼积水处以及沉积物颗粒较细的潮汐通道两侧,均有利于沙蚕的觅食以及掘穴生存,因此潮间带其 1.56% 的生物扰动率较潮上带的高出了许多。

站点 18:潜穴呈小 Y 形,沙蚕分泌的黏液使内部穴壁光滑,形态完整。

站点 28:位于上部的螃蟹潜穴呈 U 形和 Y 形,沙蚕的潜穴较长,未到达底部的细支,不与螃蟹潜穴相连,即无共生现象。其管壁光滑。

(三)红带织纹螺

红带织纹螺栖息在含水率较高的沉积物基底中,其生物扰动率低于潮上带的,为 0.05%。层面上的遗迹形态主要为 U 形带状爬行迹(图 5-9C),多条运动痕迹缠绕相交。层内的大多数潜穴形态是 I 形、U 形、Y 形(图 5-10C)及复杂分支状(图 5-11B~C,图 5-12)。红带织纹螺与螃蟹共生。

(四)泥螺

生活在潮间带的含水量高的区域,扰动率为 0.9%。形成的遗迹主要为形态不一的拖迹,如不分岔的直形、任意曲线形等。然而,由于沉积物是过饱和的汤底沉积物,这些大多是模糊不清的痕迹。

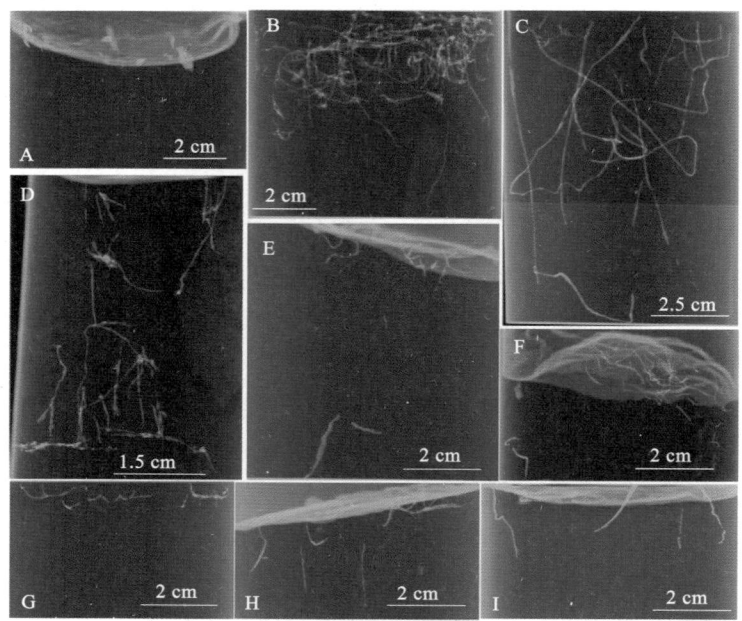

A—站点 9 日本大眼蟹潜穴;B—站点 14 红带织纹螺潜穴;C—站点 19 红带织纹螺潜穴;

D—站点 16 多分支状日本大眼蟹潜穴;E—站点 22 日本大眼蟹和双齿围沙蚕潜穴;

G—站点 10 红带织纹螺潜穴;F,H,I—站点 20,站点 24,站点 29 托氏昌螺潜穴。

图 5-11　X 射线计算机断层扫描图像(潮间带)

（五）秀丽织纹螺

秀丽织纹螺分布于含水率较高的沉积物中,其生物扰动率为 1.36%,扰动程度高于潮下带(0.13%)。大多时候该生物运动同泥螺一样,会潜于表层浮沙之下,因此生物痕迹为模糊的弯曲带状,无法观察到具体的细节。层内多与螃蟹形成共生潜穴,形成水平或竖直的圆形穴道。其潜穴可见于图 5-12。

（六）托氏昌螺

托氏昌螺分布在低洼有水的沙泥混合区域,生物扰动率(1.73%)较潮下带的小很多。生物遗迹主要为运动迹,呈 U 形的条带状,极细的沙脊凸起在正中间,两侧有规则分布且近对称的羽状纹理,与沙脊之间呈一定角度相交(图 5-9D)。层内潜穴深度大多在 1～3 cm 之间,潜穴形态较为单一,基本为 I 形或 L 形(图 5-11F,H)。

（七）牡蛎

牡蛎大多是在半咸水环境的浅层泥沙中觅食穴居,以过滤来自海洋中的有机碎屑和微型海藻为主的方式进食。研究区大量牡蛎聚集在一起,固着生活,形成牡蛎礁,生物丰度极高(图 5-9E)。由于研究区潮间带 1 m² 牡蛎生物数量与潜穴直径较大,根据公式计算,其生物扰动率为 2 935.89%。

（八）四角蛤

四角蛤呈卵圆形,通过虹吸管食入海洋中的浮游生物、藻类以及各种有机残渣。四角

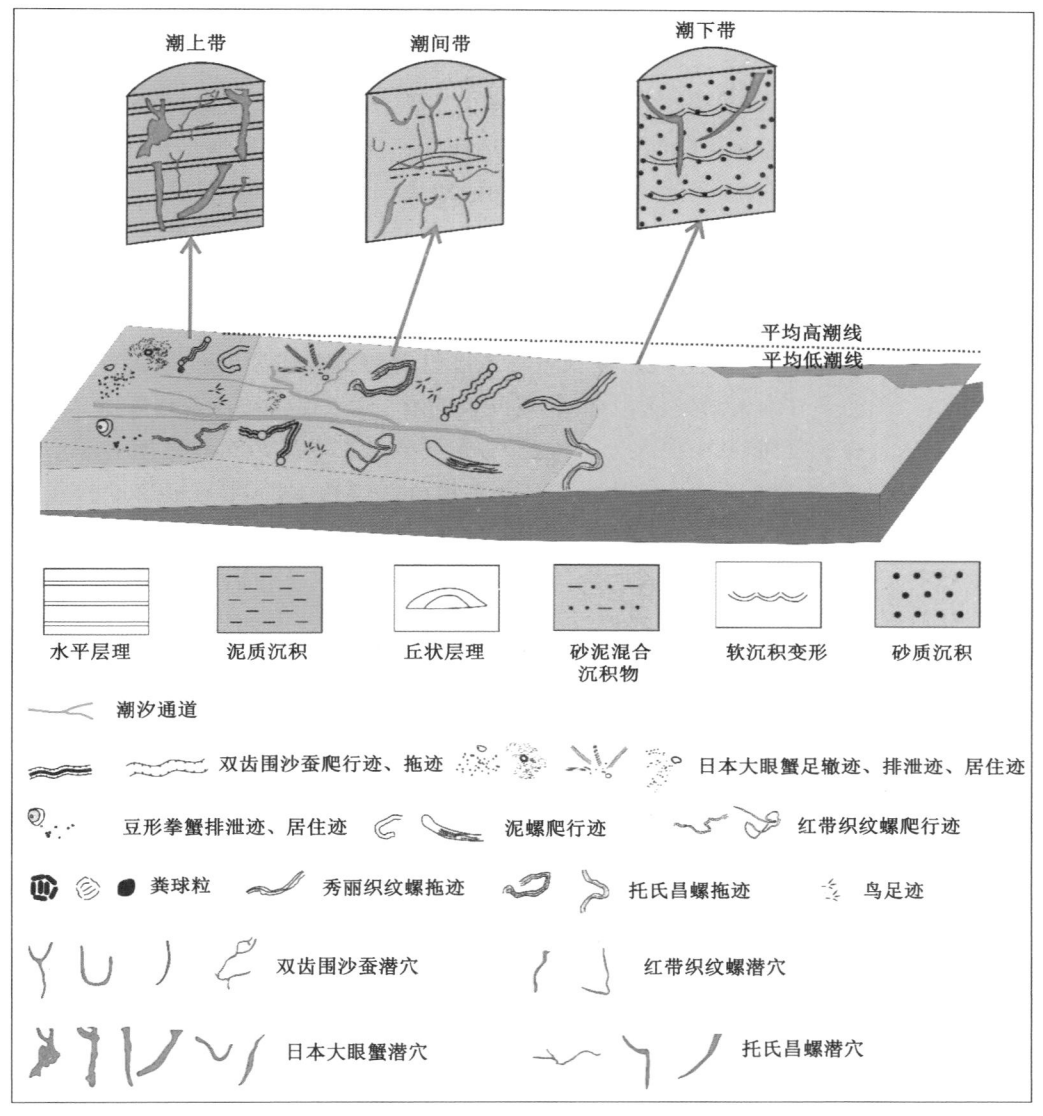

图 5-12　黄河三角洲潮坪生物遗迹组合分布模式(改自王媛媛等,2019)

蛤绝大多数为层内穴居,特别在涨潮时会通过收缩外壳而挖掘进入沉积底层,保证不被冲走,因此会产生近乎垂直于表层的潜穴,但是掘穴深度与沉积物粒度有关,当沉积物粒度较大,四角蛤就会停止向下掘穴。CT 扫描图像中可见与四角蛤外形一致的印痕。

　　综上所述,潮间带生物扰动程度最高(2 946.89%),其中牡蛎的扰动就占了潮间带总生物扰动率的 99.63%,剩余其他生物扰动率总和为 11.00%。潮汐通道两侧往复的潮汐带来了丰富的有机物,因此较潮上带其丰度值是逐渐增大的,在潮道口处达到最大值,为 4 739 个/m²,分异度也达到了最大值。

## 三、潮下带

潮下带位于平均低潮线以下,属于浪蚀基面以上的浅水区域,因此在低潮时乘船可到达目的地,然后下船对生物遗迹进行观察和取样。主要有4种造迹生物,分别为秀丽织纹螺、泥螺、托氏昌螺和四角蛤,其中前两种遗迹特征同潮间带的较为相似。托氏昌螺的丰度极高,基本上都在沉积物表面运动,爬行迹杂乱无章(图5-9F)。四角蛤则密集地在表层沉积物下方3~10 cm深处潜伏穴居,大部分排列方向相同。通过三维重构托氏昌螺的潜穴,发现其与表层沉积物呈倾斜相交(图5-11I),深度较浅。潮下带有22.99%的总生物扰动率,丰度低于潮间带,生物多样性基本不变。

黄河三角洲潮坪不同沉积环境的现代生物遗迹组成和分布有明显的差异性(图5-12)。其中分布最广泛的是日本大眼蟹,潮上带和潮间带均有分布,且生物扰动程度高(表5-2)。潮间带生物栖息密度较高,其中泥螺分布跨度大,主要栖息在潮道两侧的泥坪上,潮下带也有少量分布;秀丽织纹螺主要分布在大的树枝状潮道分岔口处,潮下带有极少量的分布;红带织纹螺在潮坪的丰度均小于30,泥坪和混合坪可见;研究区的豆形拳蟹仅分布于泥坪中,丰度极小;双齿围沙蚕均分布在水动力强的潮道两侧,与螃蟹共生,涨潮时可以躲居在螃蟹潜穴内;双壳类动物的取食方式有两种(沉积取食和过滤取食),潮间带主潮道口的高浑浊度使双壳类底栖生物的进食过滤器堵塞,而且高的悬浮荷载降低了食物集中度,因此四角蛤生物扰动程度较潮下带的低;牡蛎集中在两潮道中间,生物扰动程度最高,说明海洋的影响作用越来越强;鸟足迹出现在食物来源广泛的潮道侧的泥坪及混合坪中。潮下带由砂质沉积物组成,沉积速率增加导致生物潜穴的建造和维持更加艰难,沉积物迅速埋藏使得食物难以集中,因此潮下带生物随之减少,主要造迹生物为四角蛤和托氏昌螺,其生物丰度均比潮间带的高。

# 第六章　黄河下游典型现代生物遗迹微观特征

## 第一节　材料与分析方法

本章微观观察和分析的现代生物遗迹采自：黄河中下游焦作段边滩鞘翅目泥甲虫的层面觅食潜穴类似 *Steinichnus* 遗迹化石，风化后类似 *Scoyenia* 遗迹化石；黄河中下游焦作段低滩直翅目蝼蛄的层面觅食潜穴，类似 *Steinichnus largus ichnosp*. nov. 遗迹化石；黄河三角洲前缘水下分流间湾沙蚕的层内觅食迹，类似 *Palaeophycus* 遗迹化石。

这 3 种现代生物遗迹特征较为显著。其中泥甲虫的层面觅食潜穴在焦作和濮阳段（即黄河的辫状河和曲流河段）边滩均大量可见，并且该生物遗迹在黄河三角洲平原分流河道和废弃河道及黄河三角洲前缘潮沟和水下分流河道均有分布，可见该生物遗迹具有较强的环境适应性，特征较为显著，因此应对该遗迹作进一步微观观察和分析。直翅目蝼蛄的层面觅食潜穴类似 *Steinichnus largus ichnosp*. nov. 遗迹化石，该生物遗迹在黄河的焦作和濮阳段（即黄河的辫状河和曲流河段）低滩、黄河三角洲分流河道、废弃河道以及黄河三角洲前缘潮沟和水下分流河道均有分布，该生物遗迹具有较强的环境适应性。沙蚕的层内居住和进食潜穴类似 *Palaeophycus* 遗迹化石，该生物遗迹仅在黄河三角洲前缘水下分流间湾大量分布，具有特殊性，因此选择对该生物遗迹进行微观观察和分析。

用箱式取样法采集以上 3 种类型的生物潜穴样品共 30 块。烘干后用镊子和导电胶将选定的样品放置并固定于圆柱状铜质台上喷金约 20 min。然后利用扫描电镜和能谱对这 3 种生物潜穴的外壁、内壁和潜穴充填物进行微观观察，并分析其中的组成成分和微观形貌特征等。

## 第二节　鞘翅目泥甲虫层面觅食潜穴的微观特征

### 一、鞘翅目泥甲虫层面觅食潜穴外壁的形态及元素组成特征

将鞘翅目泥甲虫层面觅食潜穴在扫描电镜下放大 100 倍，发现其潜穴外壁沙粒的粒度分布不均匀，从 100 $\mu m$ 到 10 $\mu m$ 不等（图 6-1）。在图 6-1 中，点位（即打点位置）1 的元素组成图如图 6-2 所示。若将该潜穴放大至 3 000 倍，可见其潜穴外壁存在大量的硅藻（图6-3）。

硅藻是一种水生单细胞生物,广泛分布在有水的地方。在图 6-3 中,点位(即打点位置)2 的元素组成图如图 6-4 所示。

图 6-1　鞘翅目泥甲虫层面觅食潜穴外壁微观形态及扫描电镜点位 1

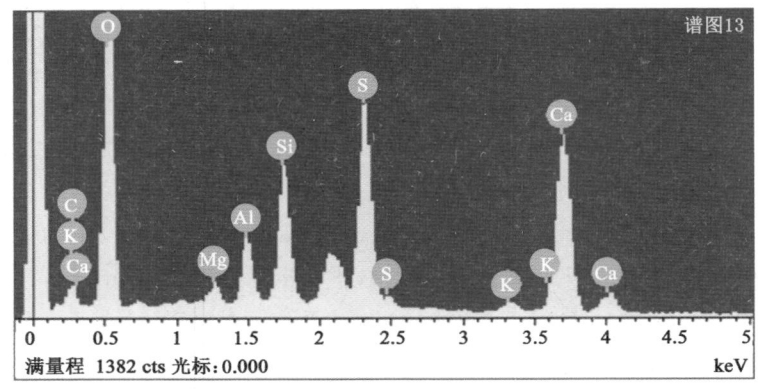

图 6-2　鞘翅目泥甲虫层面觅食潜穴外壁点位 1 的元素组成图

图 6-3　鞘翅目泥甲虫层面觅食潜穴外壁微观形态及扫描电镜点位 2

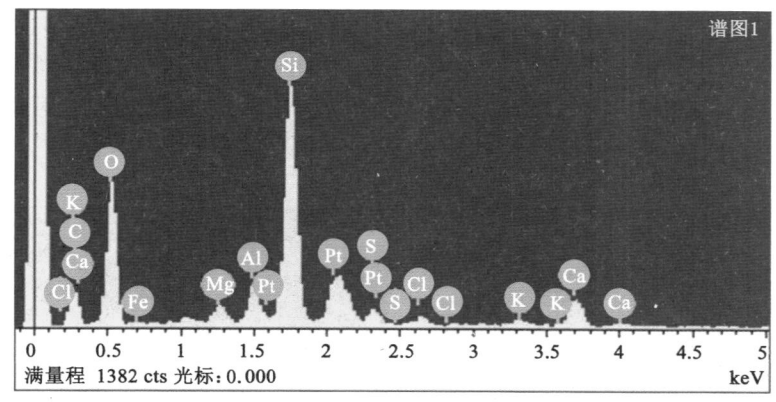

图 6-4　鞘翅目泥甲虫层面觅食潜穴外壁点位 2 的元素组成图

从鞘翅目泥甲虫层面觅食潜穴外壁的能谱分析结果(表 6-1)中可发现,点位 2 的元素组成与点位 1 的差别较大,主要在于 C/K 的质量百分比和原子百分比不同,这是由于硅藻的光合作用将水中的无机物合成了有机物质,导致 C 含量的增加。

表 6-1　鞘翅目泥甲虫层面觅食潜穴外壁的能谱分析结果

| 点位 1 | | | 点位 2 | | |
|---|---|---|---|---|---|
| 元素 | 质量百分比/% | 原子百分比/% | 元素 | 质量百分比/% | 原子百分比/% |
| C/K | 5.10 | 7.96 | C/K | 17.18 | 27.66 |
| O/K | 63.23 | 74.01 | O/K | 44.74 | 54.07 |
| Mg/K | 1.03 | 0.8 | Mg/K | 1.31 | 1.04 |
| Al/K | 2.73 | 1.9 | Al/K | 2.38 | 1.70 |
| Si/K | 5.75 | 3.83 | Si/K | 15.59 | 10.73 |
| S/K | 9.87 | 5.76 | S/K | 1.23 | 0.74 |
| K/K | 0.55 | 0.26 | | | |
| Ca/K | 11.73 | 5.48 | | | |

## 二、鞘翅目泥甲虫层面觅食潜穴内壁的形态及元素组成特征

鞘翅目泥甲虫层面觅食潜穴内壁明显具有中沟(图 6-5A),且此中沟两端沉积物存在呈近对称分布的数个凸起(图 6-5C),另外,潜穴内沉积物颗粒较潜穴外壁的小,且分选很好。这些结构的改造是由于造迹生物在潜穴内壁爬行时留下了中间内凹的中沟,而其爪子挖掘沉积物颗粒产生抓痕。潜穴内部可见细小树枝状分泌物(图 6-5B)。不见衬壁和硅藻。鞘翅目泥甲虫的食物来源为泥中的有机物,而硅藻自身有机质丰富,并能合成有机质,是造迹生物的食物来源,因此在潜穴内壁不见硅藻。而树枝状分泌物也起到了加固潜穴的作用。在图 6-5 中,点位 3 的元素组成图如图 6-6 所示,点位 4 的元素组成图如图 6-7 所示。从泥

甲虫层面觅食潜穴内壁的能谱分析结果（表 6-2）中可发现，点位 3 与潜穴外壁的元素组成及质量百分比和原子百分比差别不大。而潜穴内壁点位 4 即潜穴内壁树枝状黏液的 C/K 的质量百分比和原子百分比远大于点位 3 的。这是由于造迹生物在潜穴内活动，分泌有机质黏液，导致其 C 含量的增加。

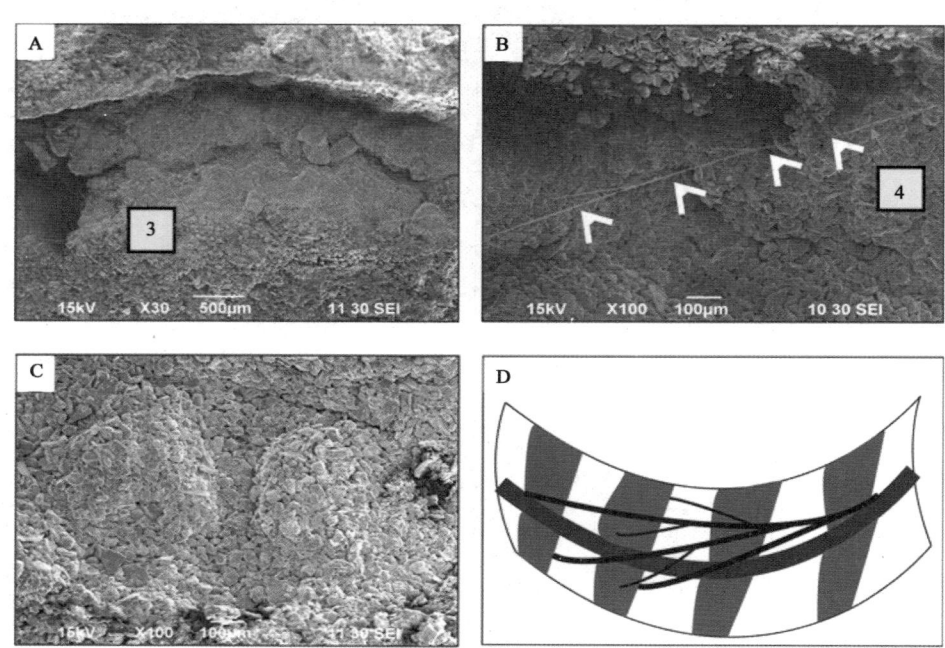

图 6-5　鞘翅目泥甲虫层面潜穴内壁微观形态特征及扫描电镜点位

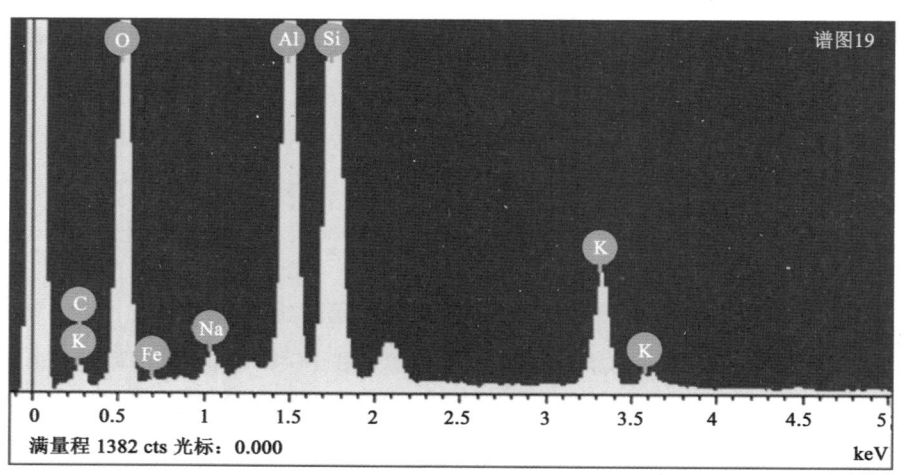

图 6-6　鞘翅目泥甲虫层面觅食潜穴内壁点位 3 的元素组成图

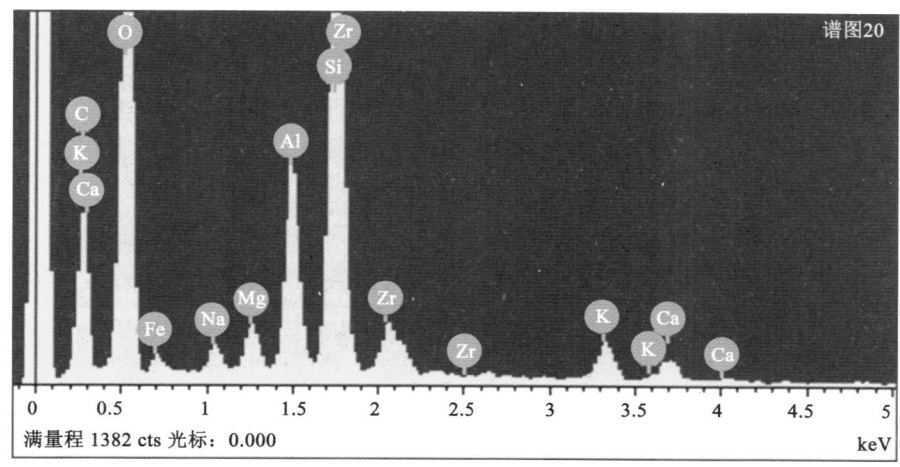

图 6-7　鞘翅目泥甲虫层面觅食潜穴内壁点位 4 的元素组成图

表 6-2　鞘翅目泥甲虫层面觅食潜穴内壁的能谱分析结果

| | 点位 3 | | | 点位 4 | |
| --- | --- | --- | --- | --- | --- |
| 元素 | 质量百分比/% | 原子百分比/% | 元素 | 质量百分比/% | 原子百分比/% |
| C/K | 7.10 | 11.10 | C/K | 31.13 | 40.85 |
| O/K | 54.16 | 63.52 | O/K | 50.84 | 50.08 |
| Na/K | 1.16 | 0.95 | Na/K | 0.72 | 0.50 |
| Al/K | 14.53 | 10.10 | Mg/K | 0.89 | 0.58 |
| Si/K | 17.95 | 11.99 | Al/K | 3.14 | 1.83 |
| K/K | 4.36 | 2.09 | Si/K | 8.89 | 4.99 |
| Fe/K | 0.74 | 0.25 | K/K | 0.88 | 0.36 |

由鞘翅目泥甲虫层面觅食潜穴内外壁的微观观察和分析可知,潜穴外壁沉积物颗粒较粗,分选不好,颗粒间夹杂大量硅藻。而潜穴内壁由于造迹生物的改造,潜穴内壁沉积物颗粒较细,分选好,潜穴内壁具有中沟和分布于其两边的对称凹凸的沉积物。造迹生物建造潜穴时觅食有机质,因此潜穴内壁不见硅藻,且内壁颗粒物之间具有树枝状黏液(可能是造迹生物的排泄物,可用来加固潜穴)。

# 第三节　直翅目蝼蛄层面觅食潜穴的微观特征

## 一、直翅目蝼蛄层面觅食潜穴外壁的形态及元素组成特征

直翅目蝼蛄觅食潜穴外壁沉积物颗粒大小分布不均匀(图 6-8A),可见硅藻和造迹生物排泄物(图 6-8B),且颗粒物之间广泛存在造迹生物蝼蛄分泌的黏液(图 6-8C~D)。据能谱分析可知,点位 5 潜穴外壁沉积物颗粒(图 6-8A)的组成特征(图 6-9)与点位 6 造迹生物分泌的黏液(图 6-8C)的组成特征(图 6-10)差别最大之处在于点位 5 的 C/K 的质量百分比和

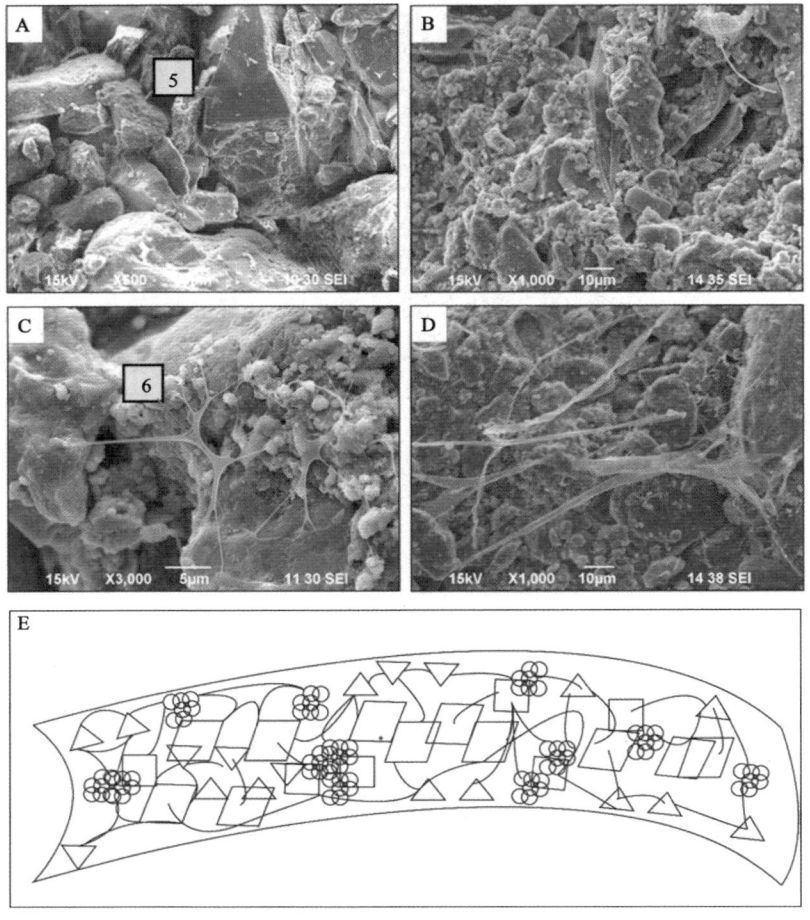

图 6-8　直翅目蝼蛄层面觅食潜穴外壁微观形态特征及扫描电镜点位

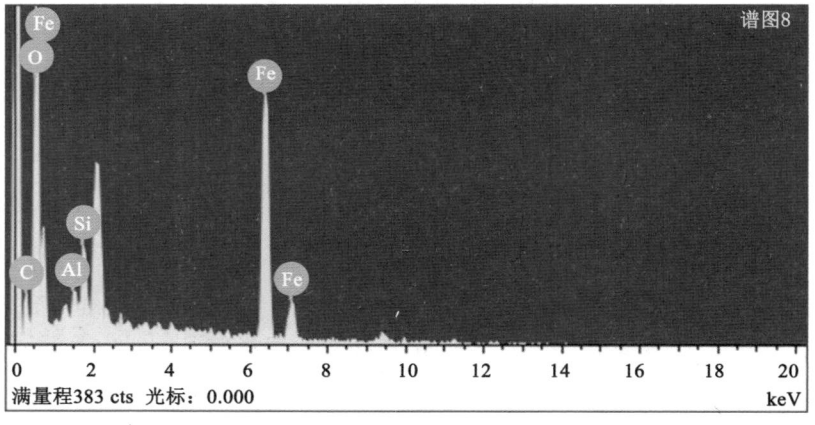

图 6-9　直翅目蝼蛄层面觅食潜穴外壁点位 5 的元素组成图

原子百分远小于点位 6 的(表 6-3)。这是由于造迹生物在建造潜穴时分泌有机质和排泄物黏液,导致其 C 含量的增加,而且造迹生物蝼蛄建造潜穴时分泌的这些有机质和排泄物黏液可以加固潜穴外壁。

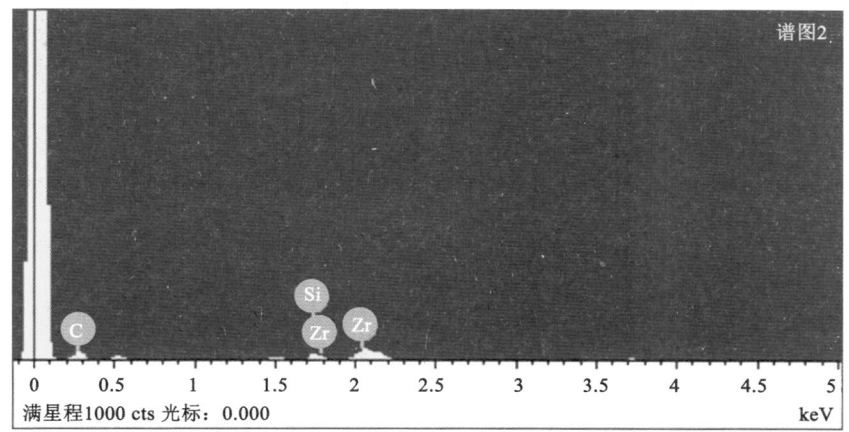

图 6-10　直翅目蝼蛄层面觅食潜穴外壁点位 6 的元素组成图

表 6-3　直翅目蝼蛄层面觅食潜穴外壁的能谱分析结果

| 点位 5 | | | 点位 6 | | |
| --- | --- | --- | --- | --- | --- |
| 元素 | 质量百分比/% | 原子百分比/% | 元素 | 质量百分比/% | 原子百分比/% |
| C/K | 14.17 | 26.22 | C/K | 67.17 | 92.26 |
| O/K | 37.92 | 52.67 | Si/K | 4.44 | 2.61 |
| Al/K | 1.45 | 1.2 | Zr/K | 28.39 | 5.13 |
| Si/K | 3.64 | 2.88 | | | |
| Fe/K | 42.81 | 17.04 | | | |

## 二、直翅目蝼蛄层面觅食潜穴内壁的形态及元素组成特征

整体上,直翅目蝼蛄层面觅食潜穴内壁的沉积物颗粒小于潜穴外壁的,且内壁沉积物颗粒呈粗细交错分布(图 6-11A,D)。内壁可见硅藻(图 6-11C),无衬壁。

通过内壁粗粒和细粒沉积物颗粒能谱分析发现,粗粒的成分与潜穴外壁成分相似,而细粒部分的 C/K 大于粗粒部分的。造迹生物建造潜穴时对沉积物颗粒进行改造和分选,因此潜穴内部的沉积物粒度小于潜穴外部的。而蝼蛄会用强健的两只前爪挖掘沉积物,使其松软便于潜入,身体随之将其压实,造迹生物在不断的挖掘过程中使潜穴内部产生粗细颗粒交错的构造。细粒沉积物中有机质 C/K 含量的增大,可能是由于造迹生物一边挖掘一边前进和进食的过程中在潜穴内部产生一些排泄物和有机质,造成 C 含量的增加。另外,潜穴内部可见硅藻,说明造迹生物可能不以沉积物中的有机质为食物,而以植物根茎或者其他生物为食。根据能谱分析结果(表 6-4),点位 7 的组成特征如图 6-12 所示,点位 8 的组成特征如图 6-13 所示。

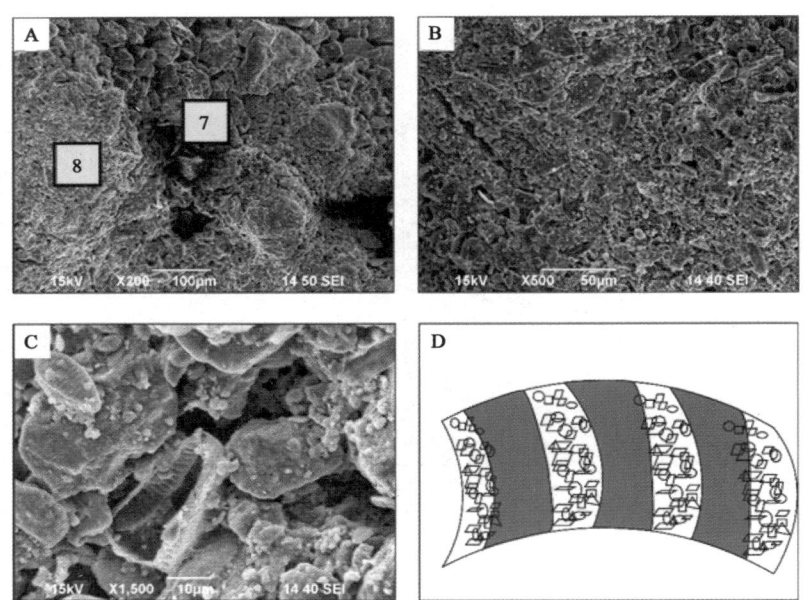

图 6-11　直翅目蝼蛄层面觅食潜穴内壁微观形态特征及扫描电镜点位

表 6-4　直翅目蝼蛄层面觅食潜穴内壁的能谱分析结果

| 点位 7 | | | 点位 8 | | |
|---|---|---|---|---|---|
| 元素 | 质量百分比/% | 原子百分比/% | 元素 | 质量百分比/% | 原子百分比/% |
| C/K | 7.04 | 11.44 | C/K | 24.94 | 34.35 |
| O/K | 52.62 | 64.16 | O/K | 53.44 | 55.25 |
| Al/K | 8.4 | 6.07 | Mg/K | 1.33 | 0.9 |
| Si/K | 16.42 | 11.4 | Al/K | 3.89 | 2.39 |
| K/K | 1.37 | 0.69 | Si/K | 8.94 | 5.26 |
| Ca/K | 9.46 | 4.61 | K/K | 0.63 | 0.27 |
| Fe/K | 4.68 | 1.64 | Ca/K | 0.63 | 0.26 |
| | | | Fe/K | 1.75 | 0.52 |

从直翅目蝼蛄的层面觅食潜穴内外壁的微观观察和分析中发现,潜穴外壁沉积物颗粒较粗,分选性不好;颗粒间夹杂大量硅藻和丝状体,有机质含量高,为造迹生物的黏液或排泄物,这些有机质将潜穴外壁沉积物颗粒彼此黏结,从而加固潜穴外壁。而潜穴内部由于造迹生物的改造,沉积物颗粒较细,分选性较好。内壁沉积物颗粒呈粗细交错分布,粗粒部分为造迹生物前爪挖掘造成(成分与外壁相似),细粒部分由于造迹生物压实和与排泄物混合改造,有机质含量增加。造迹生物食物来源为植物根茎而非沉积物中的有机质,因此潜

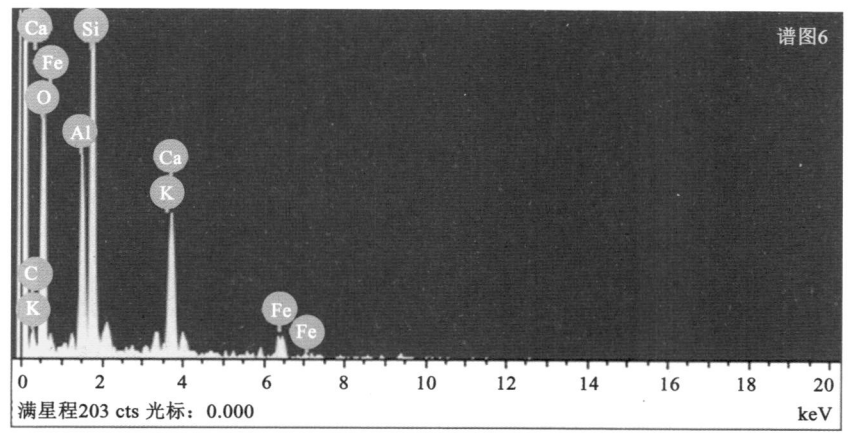

图 6-12 直翅目蝼蛄层面觅食潜穴内壁点位 7 的元素组成图

穴内外均见硅藻。且内部颗粒物之间具有树枝状黏液,这可能是造迹生物的排泄物,可用来加固潜穴。

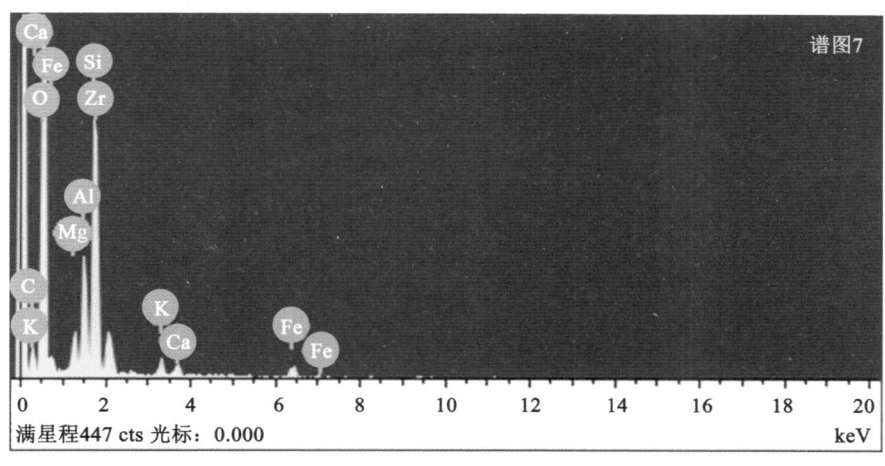

图 6-13 直翅目蝼蛄层面觅食潜穴内壁点位 8 的元素组成图

### 三、沙蚕层内进食和居住潜穴微观特征

沙蚕层内进食和居住潜穴洞口呈近圆形(图 6-14A),洞口沉积物相对致密。垂直或近垂直于层面分布。潜穴内壁整体较光滑,无衬壁,沉积物颗粒粗细相间,总体呈环状分布(图 6-14E)。粗粒段为沙粒,各沙粒间夹杂泥质(图 6-14C～D),细粒段沉积物颗粒较细且表面光滑平整。对两种内壁层面成分进行能谱扫描分析(图 6-14B)发现粗粒段 C/K 的质量百分比和原子百分比远小于细粒段的(表 6-5)。这可能是由于细粒段经过造迹生物沙蚕的改造,有机质含量增高。而潜穴内壁粗细交错的结构可能是沙蚕在潜穴内边进食边排泄,对内壁沉积物进行改造所致,其有机质含量增高。点位 9 的组成特征如图 6-15 所示,点位 10 的组成特征如图 6-16 所示。

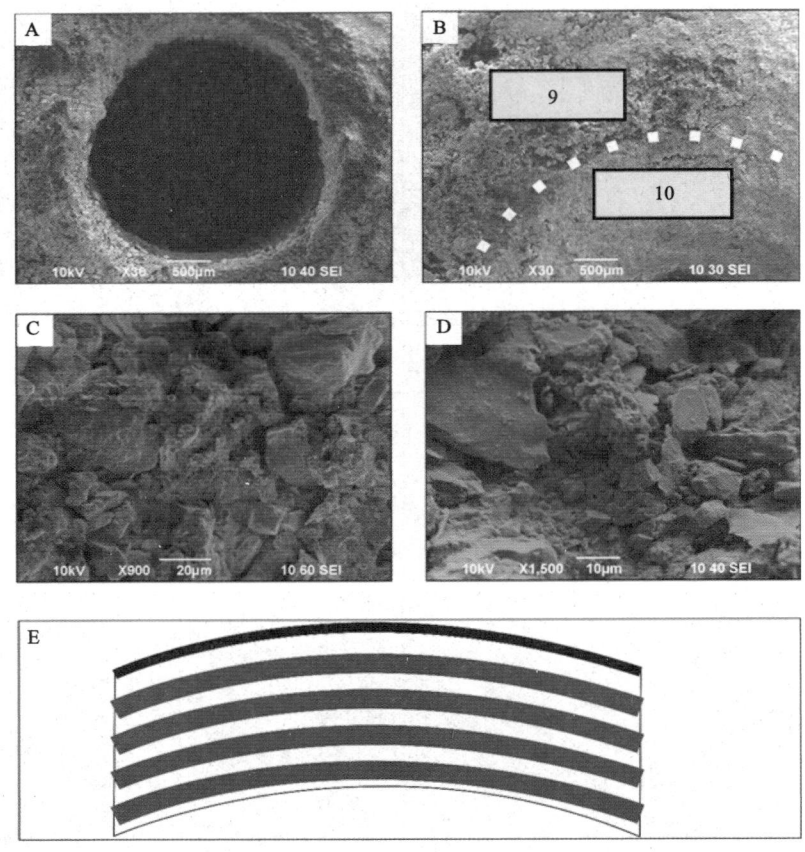

图 6-14　沙蚕层内进食和居住潜穴内壁微观形态特征及扫描电镜点位

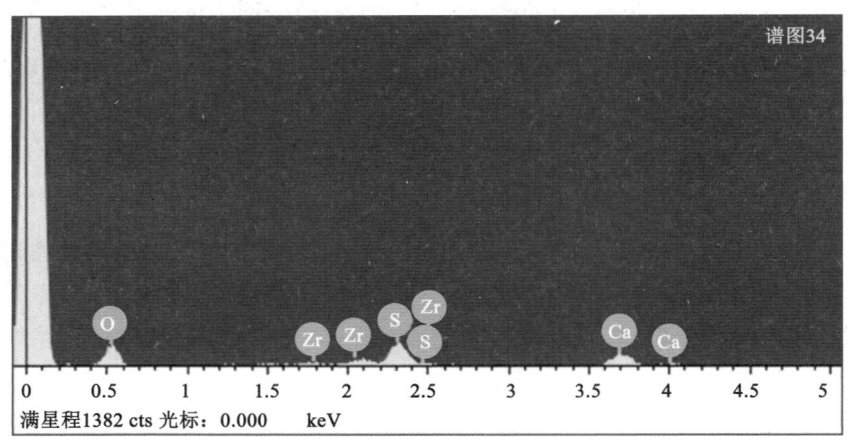

图 6-15　沙蚕层内进食和居住潜穴内壁点位 9 的元素组成图

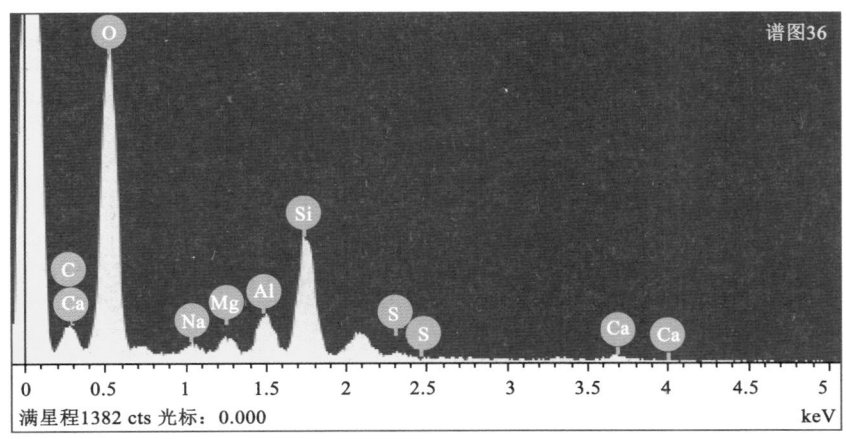

图 6-16 沙蚕层内进食和居住潜穴内壁点位 10 的元素组成图

表 6-5 沙蚕层内进食和居住潜穴内壁的能谱分析结果

| 点位 9 | | | 点位 10 | | |
| --- | --- | --- | --- | --- | --- |
| 元素 | 质量百分比/% | 原子百分比/% | 元素 | 质量百分比/% | 原子百分比/% |
| C/K | 15.78 | 21.26 | C/K | 44.3 | 56.66 |
| O/K | 68.72 | 69.53 | O/K | 37.93 | 36.42 |
| Na/K | 1.24 | 0.87 | Mg/K | 1.21 | 0.76 |
| Mg/K | 1.54 | 1.02 | Al/K | 1.74 | 0.99 |
| Al/K | 2.95 | 1.77 | Si/K | 3.84 | 2.1 |
| Si/K | 9.08 | 5.23 | S/K | 1.56 | 0.75 |
| S/K | 0.34 | 0.17 | Cl/K | 0.84 | 0.37 |
| Ca/K | 0.36 | 0.14 | Ca/K | 2.36 | 0.91 |

# 第七章　典型现代生物遗迹三维形态特征

## 第一节　沙蚕潜穴

### 一、沙蚕潜穴的观察和描述

黄河三角洲潮间带中多毛虫双齿围沙蚕生活在有机质丰富的地区。用 PVC 管取得生物潜穴样品，通过 CT 扫描和三维重建得到的高分辨率图像表明潜穴形态为 Y 形，类似于 *Polykladichnus* 遗迹化石。这表明双齿围沙蚕以及相关的多毛虫与 *Polykladichnus* 遗迹化石的造迹生物可能生活在同一沉积环境（如有机质丰富的环境）中。双齿围沙蚕造的层面犁沟状的爬行迹类似于 *Archaeonassa* 遗迹化石。

潮上带为向陆方向的环境，水动力条件较弱，沉积底层含水量为 17.34%。该地区没有双齿围沙蚕形成的生物遗迹。泥坪是一个低能量的环境，沉积物含水量为 30.47%。该地区的双齿围沙蚕遗迹丰度较小。混合坪位于泥坪和砂坪之间，沉积物为泥质和砂质混合沉积，相对水含量中等。另外，可以观察到两条相交的弯曲形爬行迹（图 7-1A）。遗迹中间为一条沟，两侧为低矮的沙脊。天然堤下部为纹饰，是双齿围沙蚕的疣足留下的痕迹。有时可以在犁沟中间观察到一条模糊的细小沙脊。砂坪属于高能环境，沉积底层含水量为 21.37%。在砂坪环境中可以观察到大量双齿围沙蚕遗迹，遗迹有很多转弯，犁沟较宽（图 7-1B）而且平坦，犁沟两侧为细小的痕迹。潮下带属于高能环境，沉积速率较高，沉积物含水量为 14.1%，因此双齿围沙蚕无法在该环境中生存。

双齿围沙蚕的形态与其生态习性密切相关。在犁沟的底部有许多纹饰，是双齿围沙蚕的疣足留下的印痕。双齿围沙蚕在混合坪中形成的粪球粒和在砂坪中形成的粪球粒形态不同。混合坪中的粪球粒形态规则，短小且圆滑（图 7-1C）。砂坪中的粪球粒形态不规则，细长且弯曲（图 7-1D）。黄河三角洲泥坪中 PVC 管取样照片如图 7-2 所示。

双齿围沙蚕的竖直潜穴特征是具有 Y 形分岔（图 7-1E）。潜穴的切面内壁较光滑，为铁锈色，颜色与潜穴周围沉积物不一致。出现这种现象的原因可能是沙蚕分泌的黏液附着在潜穴内壁。竖直潜穴深度为 30～80 mm，直径为 1～3 mm。从潜穴三维图像中可以看出，分岔点以下较弯曲（图 7-3A～B），越往下越陡。两个 Y 形直径不同。较细的 Y 形潜穴较陡，轻微弯曲，并且延伸到潜穴开口处。较粗的 Y 形潜穴较缓，向上延伸，没有潜穴口（图 7-3C～D）。

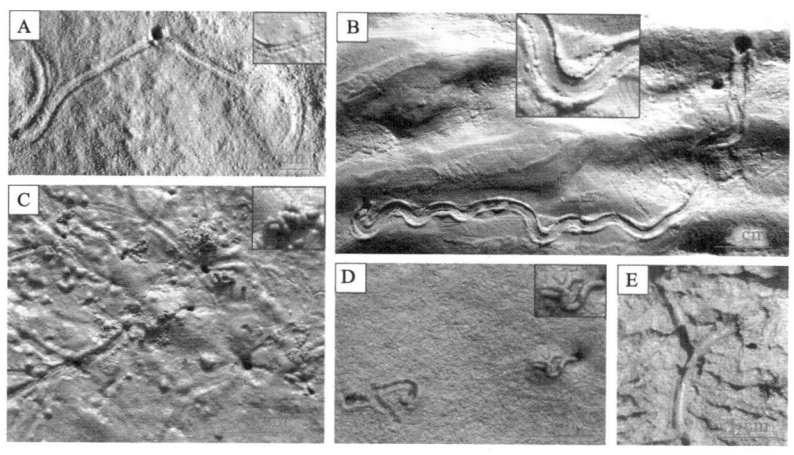

A—混合坪中双齿围沙蚕的 V 形爬行迹;B—砂坪中双齿围沙蚕的蜿蜒状爬行迹;

C—混合坪中双齿围沙蚕的星射状觅食迹;D—砂坪中双齿围沙蚕的粪球粒;

E—双齿围沙蚕的 Y 形潜穴。

图 7-1　双齿围沙蚕造的遗迹

A—PVC 管正视图;B—通过 PVC 管取样得到的样品;C—从图 A 处得到的样品;

D—从图 B 处得到的样品。

图 7-2　黄河三角洲泥坪中 PVC 管取样照片

分岔点轻微增大。尽管沉积物较软且含水量较大,但是双齿围沙蚕仍然能够保留潜穴开口。一般来说,可将竖直或次竖直、弯曲或微弯曲的管状潜穴与双齿围沙蚕的竖直潜穴结合起来分析。

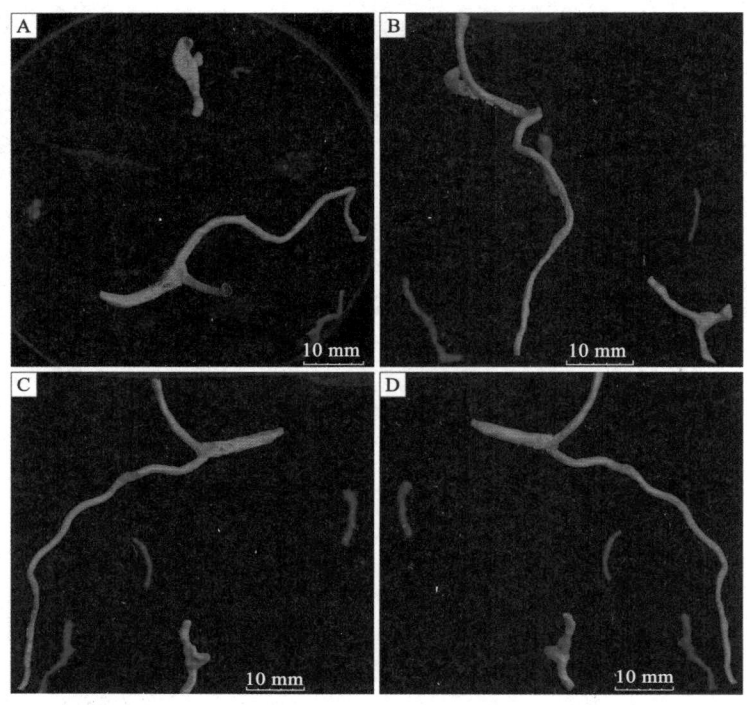

A—俯视图;B—正视图;C—左视图;D—右视图。

图 7-3　双齿围沙蚕潜穴的三维图像

## 二、沙蚕潜穴形态及与蠕虫潜穴形态的相似性

黄河三角洲现代潮间带环境中的双齿围沙蚕的潜穴形态是 Y 形,潜穴的分岔点轻微膨大。在三维图像中这些特点可以看得很清楚(图 7-3)。这种形态的潜穴为典型的居住迹。沙蚕科的大多数种类在生殖之前由于精子或卵子的作用,个体有明显的膨大现象。一般来说,双齿围沙蚕从潜穴爬出层面时会排出一些生殖细胞,然而没有观察到造迹生物和潜穴变化的形态。

双齿围沙蚕的潜穴形态与大西洋相同环境中常见的蠕虫的潜穴形态极为相似(Davey,1994),该蠕虫的潜穴长度为 40～350 mm,直径为 1.2～3.5 mm。该蠕虫潜穴由上部的 U 形潜穴和下部的支柱组成;其他的分岔包括连接 U 形上部和沉积物表面的部分。然而大多数潜穴与沉积物表面只有一种连接。大多数情况下,U 形潜穴两侧分支潜穴直立,对称或非对称,一个分支潜穴比另一个稍倾斜。基本支柱可能开始于 U 形潜穴的基部或者最接近于 U 形潜穴的一个分支。蠕虫的潜穴尺寸随着生物个体的发育而增大,但是潜穴的深度可以随着温度的变化而变化(Esselink et al.,1989)。

蠕虫潜穴内壁附着黏液,具有氧化晕且其内壁比潜穴周围沉积物中有更多细菌。沙蚕

通过身体的蠕动汲取氧气,大大促进了微生物的生长,同时会释放二氧化碳、铵等营养物质到地下水中(Scaps,2002)。这也升高了潜穴中可以补充沉积物和水的界面(Davey,1994)。蠕虫是重要的生物扰动媒介。蠕虫是杂食性动物,可以是食沉积物碎屑生物(Reise,1979),可以是滤食性动物(Vedel et al.,1994),也可以成为主动捕食者(Fauchald et al.,1979)。幼虫靠收集植物碎屑培育微生物(Oliver et al.,1995;Lucas et al.,1997)。

# 第二节　螃蟹潜穴

## 一、螃蟹潜穴的观察和描述

野外观察到沙蟹科日本大眼蟹和多毛类沙蚕造的潜穴以及它们的三维扫描图像,其形态特点描述如下。在采样点 A(图 7-4)中,沙蟹科日本大眼蟹潜穴表面的生物扰动较强烈,

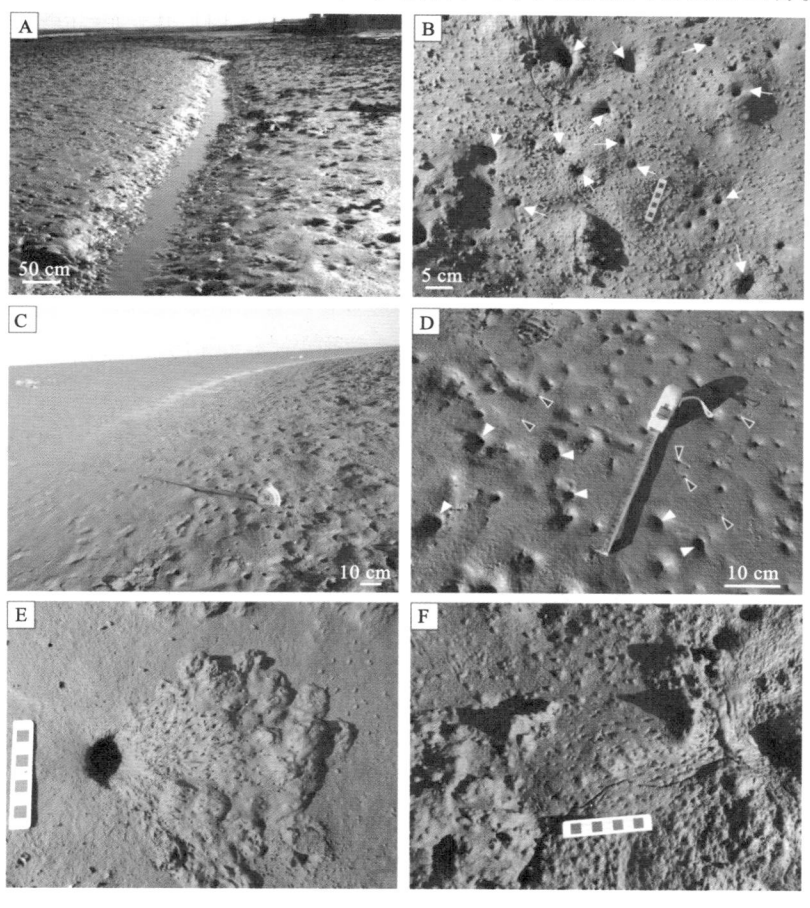

A—采样点 A 在潮沟中的位置;B—日本大眼蟹所造的潜穴(白色箭头);C—采样点 B 在潮沟中的位置;
D—白色箭头为日本大眼蟹造的潜穴,黑色箭头为沙蚕造的潜穴;E—带有爪印的日本大眼蟹造的潜穴开口;
F—日本大眼蟹潜穴旁的爪印。

图 7-4　前缘潮沟采样点 A 和采样点 B 处的野外照片

潜穴较密集,密度为 121 个/m²。沉积物表面的潜穴开口有两种类型。一种类型的特点是潜穴口被圆形小丘所围绕,凸出于沉积物表面。其潜穴口为次圆状,直径为 8～25 mm,小丘宽为 15～100 mm。另一种潜穴口类型为漏斗状,凹于沉积物表面。有时候堆状沉积物也可以在潜穴口的一侧观察到,另一侧有轻微的抓痕。漏斗状潜穴口直径为 3～30 mm。在采样点 A 处有时候也能观察到沙蚕造的潜穴,其特点是圆形开口,潜穴口无小丘围绕。在采样点 B,日本大眼蟹和沙蚕造的潜穴共存,日本大眼蟹的潜穴形态只有一种,是向下凹的漏斗状开口。该螃蟹潜穴较密集,密度为 223 个/m²,潜穴口直径是 3～10 mm。在漏斗状潜穴口的边缘可以观察到抓痕。此处沙蚕形成的潜穴特点与采样点 A 观察到的沙蚕潜穴特点相同,潜穴口均为较小的圆形开口,直径为 1～4 mm。日本大眼蟹的运动迹是不规则的成排凹坑,在漏斗状潜穴开口之间也可以观察到这种类型的运动迹,其生态习性如表 7-1 所示。

表 7-1 日本大眼蟹的生态习性

| 名称 | 潜穴构造 | 沉积底层类型 | 营养方式 | 沉积环境 | 生理机能 | 繁殖季节 | 全球分布 |
| --- | --- | --- | --- | --- | --- | --- | --- |
| 日本大眼蟹(沙蟹科,甲壳宽度最大为 35 mm) | I 形、U 形和 Y 形分岔,潜穴最大深度为 19 cm | 泥坪 | 食碎屑动物 | 河口湾,泥坪 | 20 ℃时,水下氧消耗量为 0.21 mL/h,水上的为 0.18 mL/h | 5～9 月 | 日本,韩国,中国,新加坡,澳大利亚 |

注:数据来自 Henmi et al.,1989;Henmi,1989;Koo et al.,2005;Otani et al.,2010.

日本大眼蟹野外照片如图 7-5 所示。在三维图像(图 7-6 和图 7-7)中,可以从多个角度观察到螃蟹潜穴和沙蚕潜穴的几何排列形态。在上述两个采样点观察到的潜穴有相似的地方,都为不规则的竖直方向的圆柱形潜穴,整体稍微倾斜。三维图像中几个潜穴的直径基本相同。

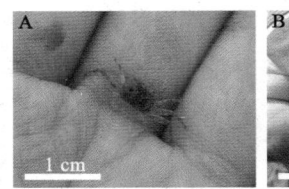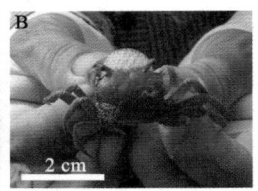

A—螃蟹幼体;B—成年螃蟹个体。

图 7-5 造迹生物日本大眼蟹在不同发育阶段的野外照片

相比之下(图 7-4),两个采样点的螃蟹潜穴特点不同。在采样点 A 处,螃蟹潜穴为竖直 U 形、I 形和 Y 形,向下延伸 7 cm 左右。I 形潜穴有一个漏斗形开口,潜穴壁光滑,向下逐渐变细。潜穴下部稍微增大。在 U 形和 Y 形潜穴中也可以观察到漏斗形潜穴开口。U 形和 Y 形潜穴是不规则的,并且潜穴宽度不一样。采样点 B 重建的螃蟹潜穴一般有规则的分岔通道,潜穴宽度基本一致。在潜穴分岔点无增大。每个分岔点的分岔角度(经测量)基本为 90°。野外观察到的沉积物表面的生物潜穴的形态可以与 CT 扫描图像进行对比分析。在

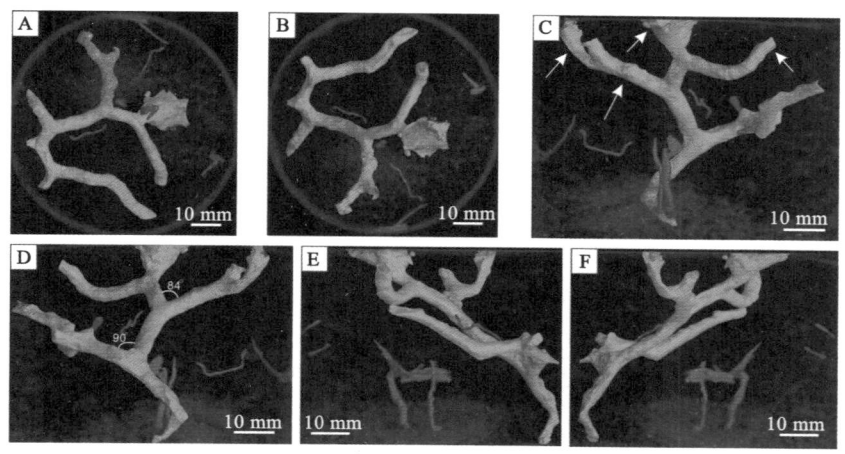

A—潜穴的仰视图;B—潜穴的俯视图;C—潜穴的侧视图;D~F—潜穴不同角度的侧视图。

图 7-6　采样点 B 日本大眼蟹潜穴和沙蚕潜穴的三维图像

（绿色的为螃蟹潜穴,紫色的为沙蚕潜穴）

野外俯视照片中观察到的螃蟹潜穴较大,通常裸露着漏斗形潜穴口,这样的特点也可以在其 CT 扫描图像中得到印证。

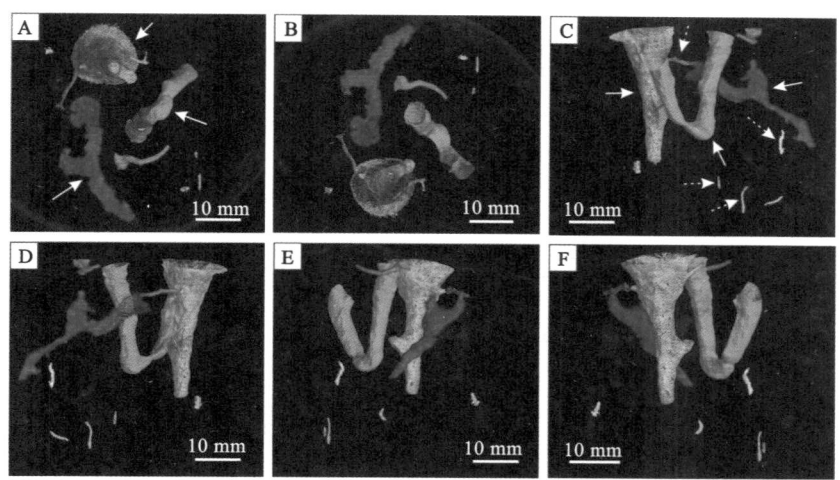

A—潜穴的仰视图;B—潜穴的俯视图;C—潜穴的侧视图;D~F—潜穴不同角度的侧视图。

图 7-7　采样点 A 日本大眼蟹潜穴和沙蚕潜穴的三维图像

（实线的白色箭头表示螃蟹的潜穴,虚线的白色箭头表示沙蚕的潜穴）

## 二、日本大眼蟹潜穴的形态功能分析

造迹生物日本大眼蟹为甲壳纲亚门、短尾亚目沙蟹科生物(Frey et al.,1984)。日本大眼蟹的生态特征列在表 7-1 中。作为一种食碎屑动物,日本大眼蟹广泛分布于印度洋和太平洋地区,比如中国北部和南部的沿海地区(Sakai,1939;Shen,1932,1937,1940;Wada et al.,1989)。除它的商业价值之外,日本大眼蟹还是一种重要的生活在河口和海湾环境中的大型底栖生物,是环境变化的一种标志(Nesbitt et al.,2006;Nikapitiya et al.,2014)。

Nesbitt 等在 2002 年报导了上新世河口环境中一种新的遗迹化石种类 *Psilonichnus lutimuratus*,解释了 Y 形和 I 形 *Psilonichnus lutimuratus* 遗迹化石形成于冲刷事件,侵蚀了原始的 Y 形潜穴的上部,从而形成 I 形潜穴。其所报导的各种各样的潜穴形态都来自现代泥坪环境,即它们代表了没有经过冲刷的原始的潜穴形态,因此可作形态功能分析。日本大眼蟹是食碎屑动物,采样点 A 的 I 形、U 形和 Y 形潜穴为造迹生物的居住迹。I 形潜穴的增大有利于日本大眼蟹爬行时转弯,类似于大美人虾造的潜穴(Frey et al.,1975)。图 7-7 中的分岔形潜穴可能是 Y 形潜穴的转变,因为可以看到有 4 个潜穴开口而不是一个潜穴开口。通过进一步表层岩心测试验证了这一观点。笔者认为采样点 B 的潜穴构造较先进,可以使造迹生物悠闲地在里面生活,躲避敌人的侵袭。两个位置的螃蟹潜穴深度基本相同,这可能是因为受地下水位的控制。

除具体的生活习性之外,其他的因素也控制着潜穴形态,比如沉积物类型、表层的坡度、潮差、前滨宽度、生物的性别、盐度、耐温性和水动力状况等(Chakraborti,1981;Farrow,1971)。在两个采样位置观察到的潜穴都位于泥坪环境中。两个采样位置的物理因素也类似,比如沉积物类型、潮差、盐度和水动力状况,因此潜穴的不同点更像是不同生活习性的反映。另外,排除了这些潜穴在不同螃蟹个体发育阶段的差异,两个位置的各种潜穴构造之间并没有明显的区别。不同性别的螃蟹形成的潜穴形态差异也被排除了,因为这已经被研究过(Farrow,1971;Chakraborti,1981)。

# 第八章 典型现代生物遗迹与古遗迹 化石及古沉积环境的对比

## 第一节 沙蚕潜穴三维重构特征及与 *Polykladichnus* 的对比

现在是过去的钥匙,所以现代生物遗迹是古代遗迹化石的钥匙。在 Nathorst 现代遗迹研究的基础上,Richter 于 1924 年研究了北海潮坪中现代生物遗迹的特征,对遗迹化石的本质有了更深入的了解。一系列关于遗迹学的书籍加强了现代生物遗迹和古遗迹之间的联系(Bromley,1990,1996)。然而,还有大量的生物遗迹需要我们去研究。甚至极少有人了解大西洋潮坪中常见的多毛虫的遗迹(Müller,1776),并且有关这方面的知识也比较分散。通过野外观察和各种实验手段我们研究了黄河三角洲潮坪环境中双齿围沙蚕的潜穴分布情况和形态。另外,将现代潜穴与 *Polykladichnus* 遗迹化石进行对比,发现两者的形态类似。双齿围沙蚕(多毛纲,沙蚕科)生活于印度洋和太平洋地区的半咸水环境,主要分布在澳大利亚和韩国等沿海一带。

### 一、沙蚕潜穴与 *Polykladichnus* 和 *Archaeonassa* 遗迹化石的对比

*Perinereis* 和 *Hediste* 的潜穴与 *Polykladichnus* 遗迹化石属有一些相同点。该遗迹化石属在海相和非海相中都有发现。*Polykladichnus* 迹是一种稍倾斜的竖直管状潜穴,形态为 Y 形或 U 形,与沉积物表面连接(Schlirf et al.,2005;Mork et al.,2008)。该遗迹化石属无衬壁、竖直或稍倾斜、笔直或稍弯曲、Y 形或 U 形分岔的管状潜穴,在连接点稍膨大,潜穴直径为 1~2 mm,整个潜穴深度为 70 mm。潜穴充填物颗粒比围岩的细。潜穴以全浮痕的形式保存(Uchman et al.,2000;Schlirf et al.,2001)。几种造迹生物都可形成 *Polykladichnus* 遗迹化石(Schlirf et al.,2005;Pearson et al.,2006;Wisshak et al.,2008;Canale et al.,2015)。在陆生环境中,造迹生物可能是昆虫(Uchman et al.,2000)。Bromley 等(1979)描述了陆生环境中高密度 *Arenicolites* 遗迹化石,一些样品与 *Polykladichnus* 遗迹化石极为相似。Y 形的似 *Polykladichnus* 潜穴深度可达 20 cm,由摇蚊的幼虫形成,然而,似 *Polykladichnus* 遗迹化石描述的是似 *Thalassinoides* 的横向分岔(Gingras et al.,2007)。

在海洋环境中,Y 形似 *Polykladichnus* 遗迹化石可由多毛虫形成(Howard et al.,

1975;Fürsich,1981),也可以由角海葵形成(Frey,1970;Schlirf et al.,2005)。Curran 等(1977)研究过海葵潜穴,发现在某海葵潜穴的下部有新月形回填纹,这个特点在海葵潜穴中不常见(Schäfer,1962;Schlirf et al.,2005)。然而,在双齿围沙蚕潜穴中没有发现任何新月形回填纹。Fürsich 认为现代的多毛虫 *Heteromastus filiformis* 可以形成与 *Polykladichnus* 遗迹化石类似的潜穴。然而,根据 Schäfer(1962)和 Howard 等(1975)研究成果,*Heteromastus filiformis* 形成的生物构造比 *Polykladichnus* 遗迹化石更复杂。多毛虫 *Magelona* 和 *Scolecolepides* 也能形成简单竖直潜穴,如果石化,就会形成 *Skolithos* 遗迹化石;也可能形成简单的 Y 形分岔潜穴,称为 *Polykladichnus*(Howard et al.,1975)。目前的研究表明,双齿围沙蚕和相关多毛虫的潜穴与 *Polykladichnus* 遗迹化石的形态和潜穴尺寸一致,因此类似于 *Polykladichnus* 遗迹化石。潜穴的分岔点轻微膨大,这是重要的识别标志。

　　双齿围沙蚕造的层面爬行迹较光滑,爬行迹的两侧为低矮的沙脊,整体形态类似遗迹化石 *Archaeonassa*(Fenton et al.,1937)。*Archaeonassa* 是腹足类(Fenton et al.,1937,Buckman,1994;Stanley et al.,1998)或甲壳类(Yochelson et al.,1997;Mángano et al.,2003)生物形成的爬行迹,因此沙蚕科可以与之进行对比。黄河三角洲潮坪环境中双齿围沙蚕的遗迹分布模式图如图 8-1 所示。

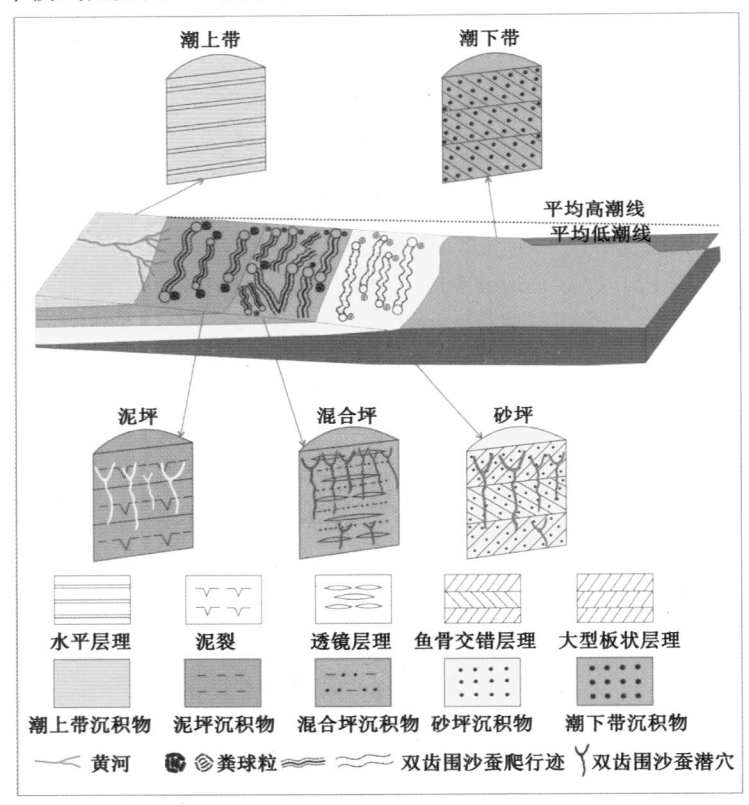

图 8-1　黄河三角洲潮坪环境中双齿围沙蚕的遗迹分布模式图

### 二、双齿围沙蚕对沉积环境的解释

在海相和非海相环境中，*Polykladichnus* 遗迹化石与高能的海侵活动联系密切，是舌菌迹的组成部分（Pemberton et al.，1988；Weissbrod et al.，1998；McIlroy et al.，2005；Sisulak et al.，2012）。并且，遗迹化石 *Polykladichnus* 形成于利比亚西南部 Messak 组早白垩世海侵序列受潮汐影响的潮道充填沉积相中（Weissbrod et al.，1998）。一般来说，位于细粒沉积物高分异度遗迹化石序列中，该环境一般为 *Skolithos* 和 *Glossifungites* 的混合遗迹相（Gerard et al.，2008；Wood et al.，2014）。一般来说，双齿围沙蚕的潜穴仅仅在潮间带中，潮上带和潮下带中没有双齿围沙蚕。生活环境为海洋环境或边缘海环境。生物潜穴密度最高的地区其有机质最丰富，尤其是藻类。因此，现代生物潜穴的出现与类似的化石的出现可能代表相同的沉积环境。

# 第二节　螃蟹潜穴三维重构特征及与 *Psilonichnus* 的对比

遗迹化石研究的是古代生物的行为记录，强调生物与它们生活的沉积底层之间的关系（Buatois et al.，2011）。遗迹分类学产生了很多与遗迹化石相关的研究成果，包括遗迹化石的形态功能分析（分析它们的古生态），古环境重建中遗迹相的划分，并且解释代表性遗迹化石漫长的演化过程（Buatois，1995；Buatois et al.，1998；2009；Mangano et al.，1997，2000，2003；Alonso-zarza et al.，2014；Xing et al.，2014，2015；Zhang et al.，2015；Knaust，2013，2015；Buatois et al.，2016；Klein et al.，2016；Luo et al.，2017a，2017b，2018；Razzolini，2017；Hammersburg et al.，2018；Fan et al.，2018；Feng et al.，2018；Knaust et al.，2018；Savrda，2019）。

现代遗迹的研究对象是不同环境中现代生物的行为生态学和所造潜穴的形态，这对造迹生物和地质记录中与其相类似遗迹化石的对比具有非常重要的意义（Zonneveld et al.，2016）。现代生物遗迹对代表性的遗迹化石的古生态和古环境的启示具有重大的意义（Smith et al.，2008）。与在沉积序列中观察到的遗迹化石相比，现代生物遗迹一般研究潜穴的三维构造，这有利于系统地进行遗迹化石的形态功能分析（Frey et al.，1984；Gingras，et al.，1999；Seike et al.，2007；Zonneveld et al.，2016）。

黄河三角洲是各种不同的海洋无脊椎动物的栖息地，是研究现代生物遗迹的理想基地，尤其节肢动物门日本大眼蟹在黄河三角洲泥质潮坪中有较大的生物数量，然而它们建造的生物潜穴的形态和功能还没有被人关注。

### 一、日本大眼蟹潜穴与类似的遗迹化石的对比分析

现代生物遗迹提供了生物潜穴与造迹生物之间的直接联系，以及它们的生活环境，对解释地质记录中形态类似的生物扰动构造具有重大的意义。与其他的沙蟹科螃蟹（*Uca* 和 *Ocypode*）相比，现代日本大眼蟹造的潜穴很少有人研究（Frey et al.，1984）。一方面，许多学者已经针对对海岸环境中沙蟹科潜穴展开研究，其中 *Uca* 和 *Ocypode* 形成的生物沉积构造引起极大关注（Edwards et al.，1977；Frey et al.，1984；Curran et al.，1991；Gingras et al.，

2000；Seike et al.，2014）。另一方面，前人已经对日本大眼蟹的生态行为、潜穴活动和潜穴对环境的影响做了很多研究（Henmi，1989；Kurihara et al.，1989；Wada et al.，1989；Koo et al.，2005，2007；Otani et al.，2010；Nikapitiya et al.，2014；Vermeiren et al.，2014），然而只有一小部分是关于日本大眼蟹的潜穴形态及对古环境的启示。这些研究表明，沙蟹科日本大眼蟹形成的潜穴与其他甲壳生物的有共同特点（Curran et al.，1991；Braithwaite et al.，1972；De，2000；Nesbitt et al.，2006；Seike et al.，2007）。这些特点包括漏斗状和椭圆形切面的 I 形、U 形和 Y 形潜穴。研究结果中潜穴形态与用石膏铸造的日本大眼蟹的潜穴模的形态一致（Otani et al.，2010）。

在古遗迹研究中，很多学者将 I 形、U 形和 Y 形遗迹化石划分为 *Psilonichnus* 遗迹化石（Fürsich，1981；Frey et al.，1984；Myint，2001；Nesbitt et al.，2002，2006）。*Psilonichnus* 的各种形态都已在图 8-2 中表示出来。通过三维重构的日本大眼蟹潜穴与石化的遗迹化石的对比可发现，I 形形态与 *Psilonichnus quietus* 类似，而复杂的分岔形潜穴与 *Psilonichnus upsilon* 类似。I 形潜穴为造迹生物的暂时居住场所，而复杂分岔形潜穴为生物居住和逃逸的场所。由于 *Psilonichnus* 在全球广泛分布，因此 *Psilonichnus* 遗迹化石是一种重要的从临滨到陆棚的古环境指示标志（Fürsich，1981；Nesbitt et al.，2002，2006）。关于螃蟹是 *Psilonichnus* 遗迹化石的造迹生物的证据详尽，因为从来没有研究成果表明古代环境中

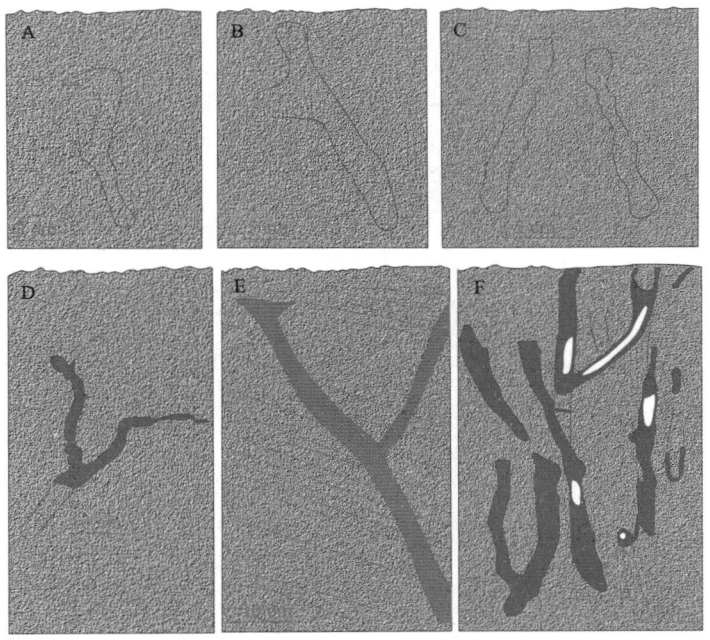

A～C—*Psilonichnus quietus*（Myint，2001）；D—*Psilonichnus tubiformis*（Fürsich，1981）；

E—*Psilonichnus upsilon*（Frey et al.，1984）；

F—*Psilonichnus lutimuratus*（Nesbitt et al.，2002；Nesbitt et al.，2006）

图 8-2　两个采样点中现代螃蟹潜穴与古代 *Psilonichnus* 遗迹化石的对比

*Psilonichnus*存在共生化石。根据现代遗迹学研究，*Psilonichnus*的造迹生物可能包括蝼蛄虾属的主要种类和沙蟹科螃蟹（Frey et al.，1984；Nesbitt et al.，2002，2006）。目前我们的研究表明，*Psilonichnus*遗迹化石的造迹生物可能包括日本大眼蟹，更加说明*Psilonichnus*具有指示古环境的作用。考虑日本大眼蟹出现在中新世中的地质记录（Barnes，1968），*Psilonichnus*遗迹化石可能是日本大眼蟹在这一时期建造潜穴时形成的。

**二、CT技术在古遗迹化石中的应用前景**

CT技术已被证明是一种可解释不同规模和分辨率的脊椎动物和无脊椎动物化石的有效手段（Yin et al.，2015；Huang et al.，2019；Rahman et al.，2012；Johnston，2011；Lee et al.，2017；Zaher et al.，2018）。然而，CT技术在现代生物遗迹中的应用还是受限的。各种各样的实验技术可以使我们更好地理解古代生物和现代生物形成的生物成因构造（Knaust，2012）。除用传统的二维方法观察遗迹化石之外，几种现代方法也可以用来重建三维的生物成因构造，这些方法如表8-1所示。石膏铸模方法是一种常见的重建海岸环境中硬底潜穴形态的方法，已被证明是一种有效手段（Frey et al.，1984；Curran et al.，1991；Nielsen et al.，2000；Koo et al，2005；Seike et al.，2007；Otani et al.，2010；Wisshak et al.，2012）。用试剂比如环氧树脂和聚酯树脂对潜穴的中空部分进行浇注形成潜穴模。另一种重建化石或现代生物遗迹三维图像的方法是激光扫描（Platt et al.，2010；Lee et al.，2018），然而这种方法首先需要将遗迹化石或潜穴从沉积物中提取出来，并且只能提供外表面的图像（Platt et al.，2010；Lee et al.，2018）。除这两种无损的非传统方法之外，连续研磨方法也成为遗迹化石和潜穴三维可视化方法（Bednarz et al.，2015；Reynolds et al.，2017）。用金刚石磨具以一种连续的参考框架精确增加磨样量，用一系列的表层图片和VG studio Max软件重建目标对象的三维图像（Reynolds et al.，2017）。因为这种方法是有损的，再通过其他方法分析目标样品就没有效果了。

进入21世纪，CT技术已经成为古生物研究中越来越受欢迎的三维可视化技术（Dierick et al.，2007；Sutton，2008）。CT技术允许无损可视化并且可对沉积构造、化石和造迹生物进行量化（Dufour et al.，2005；Fu et al.，1994；St-onge et al.，2007；Sutton，2008）。应用CT技术研究古代遗迹和现代遗迹仍然处于初期阶段（Parry et al.，2017）。在重建日本大眼蟹的三维潜穴图像后，可以将其与在野外观察到的潜穴特点进行对比研究。高分辨率的三维重建图像也显示了与螃蟹潜穴共生的多毛虫潜穴，从而表明该方法对遗迹化石相关研究的适用性。对保存在石化底层中的生物成因构造来说，CT扫描方法是一种比其他潜穴三维重构方法更实用的方法（表8-1）。

现代生物遗迹对解释巨大生物的潜穴行为和遗迹化石的古生态之间的联系具有重大意义。沙蟹科螃蟹日本大眼蟹广泛分布于日本、韩国、中国、新加坡和澳大利亚。现代生物遗迹主要研究日本大眼蟹的潜穴构造，然而与其他沙蟹科螃蟹相比，比如*Uca*和*Ocypode*，其研究进展比较落后。我们对黄河三角洲泥坪地区沙蟹科日本大眼蟹造的潜穴形态做了具体的研究，用了两种研究方法（传统的野外观察法和CT技术）。结果表明，黄河三角洲泥坪中日本大眼蟹所造遗迹形态包括Ⅰ形、U形和Y形。这些居住构造的形态特征与

*Psilonichnus* 遗迹化石的形态特征极为相似,表明日本大眼蟹也可以形成 *Psilonichnus* 遗迹化石。这种说法也支持化石 *Psilonichnus* 是一种重要的海岸和陆棚浅海古环境指示标志的观点。本次研究强调了 CT 技术在遗迹学研究中的应用。

表 8-1  古生物学三维可视化方法总结

| 方法 | 优点 | 是否有损 | 作用对象 | 所需试剂或设备 | 参考文献 |
|------|------|---------|---------|--------------|---------|
| 铸模 | 成本低,速度快 | 无损 | 软底,硬底,中空管状潜穴 | 石膏,聚酯树脂,环氧树脂,石蜡 | De,2000;Nielsen et al.,2000;Koo et al.,2005;Wisshak,2012 |
| 连续研磨 | 成本低 | 有损 | 岩石 | 金刚石磨具,VG studio Max 软件 | Bednarz  et al., 2015;Reynolds et al.,2017 |
| 激光扫描 | 成本低 | 无损 | 从保存完好的基质中提取的化石或遗迹化石 | 引擎激光扫描仪,自动定位器 | Platt et al.,2010;Lee et al.,2018 |
| CT 技术 | 高分辨率,可以应用于多种学科 | 无损 | 岩化,软底 | CT  machine  NanoVoxel 200,VG studio Max 软件 | Dufour et al., 2005;Parry  et al., 2017;本次研究 |

# 第三节  黄河下游现代生物遗迹群落与相似古生物遗迹群落的对比

华北凹陷盆地的沉降和沉积地质环境使黄河中下游形成了以冲积扇与河口三角洲为典型堆积性地貌的环境。依据冲积扇形成时序和空间展布情况,黄河中下游冲积扇大致可分为古冲积扇、老冲积扇和现代复合冲积扇 3 种,它们构成了黄河中下游平原沉积地貌环境(刘国纬,2011)。

从沉积环境的相似度上考虑,本节选取了河南地区汝阳盆地白垩系的一套冲积扇、辫状河和漫流沉积作对比研究。

## 一、汝阳盆地白垩系地质背景

汝阳县位于河南省西部、洛阳市东南部、北汝河上游,整体呈长条形,东邻汝州、西接嵩县、南接鲁山、北连伊川,地处东经 112°8′～112°38′、北纬 33°49′～34°21′之间,距洛阳市 74 km。该区属暖温带大陆性季风气候区,年平均气温为 14 ℃,年均降水量为 690 mm,全年无霜期为 213 d。汝阳县地形复杂,南部为崇山峻岭,北部为平原和丘陵。王坪乡和付店镇之间的鸡冠山海拔 1 602.4 m,是全县最高点;杜康河底海拔为 220 m,是全县最低点。大虎岭横卧县城之北,将汝阳县自然分成山南、山北两部分。山南属淮河流域,水归汝河入淮,汝河是汝阳县最大河流;山北的杜康河、柳沟河、杜庄河等河流则入黄河。地貌由南向北依次为深山区、浅山区、平川区和丘陵区,平川区主要分布在汝河等河流两岸。研究剖面位于汝阳县南二郎庙、郝岭和刘富沟一带。本次研究区地理位置如图 8-3 所示。

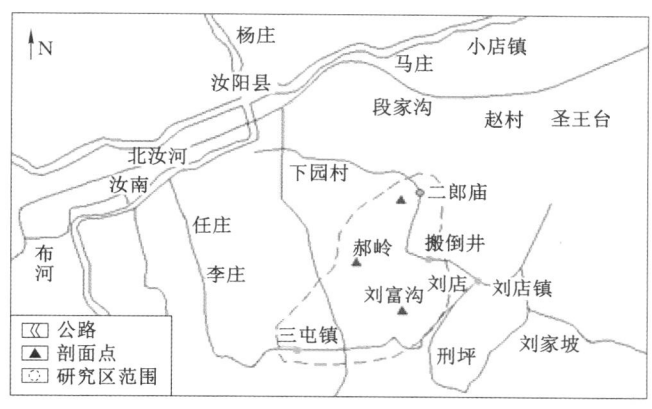

图 8-3　豫西汝阳研究区地理位置

　　早白垩世早期,在近南北向拉伸应力的作用下新生成多个断陷盆地,其中火山-沉积断陷盆地包括汝阳盆地、大别山北麓盆地及汝州盆地,断陷盆地包括南阳盆地、马市坪盆地、义马盆地及五亩盆地。晚白垩世早期新生成的断陷盆地包括潭头盆地、任店盆地和朱阳关盆地。在新生界覆盖区的长葛—太康—永城一线以南的叶县、临颍、商水、沈丘、项城等地也有白垩纪地层的存在。

　　晚白垩世晚期,义马盆地、五亩盆地、朱阳关盆地、马市坪盆地、大别山北麓盆地、西峡盆地及南阳盆地中的夏馆盆地等先后消失,汝阳盆地、潭头盆地、临汝盆地及南阳盆地中的淅川盆地等继续发育,接受古近系沉积。其中,汝阳盆地下白垩统自下而上划分为九店组、下河东组和郝岭组,上白垩统划分为上东沟组,各组地层特征分述如下。

　　(一)九店组($K_1j$)

　　九店组代表剖面为汝阳县裴尔湾—嵩县九店剖面。

　　九店组分布于嵩县九店、田湖以及汝阳县裴家湾、王屯西沟、西马窑、古城南东等地。其下部为紫红色砾岩,中上部为紫红和灰白色晶屑岩屑凝灰岩与晶屑凝灰岩互层,厚度为 354～1 806 m。九店组与下伏中元古代汝阳群白草坪组或熊耳群马家河组呈不整合接触,被下白垩统下河东组或新近系洛阳组整合覆盖。在九店组凝灰岩中采集的锆石 SHRIMP 年龄为 130～133 Ma,黑云母 K-Ar 同位素年龄为 107 Ma,时代为早白垩世。

　　(二)下河东组($K_1x$)

　　2010 年,下河东组由河南省地质博物馆于汝阳县三屯乡下河东村赵家沟创名,其代表剖面为汝阳县三屯乡下河东村赵家沟—刘店乡史家沟剖面。

　　下河东组仅分布于汝阳县柏树、姬家岭、高家村、关帝沟、大田地、金家村、顾家沟、北沟一带,下部为紫红色砾岩,夹砂砾岩、岩屑砂岩、含砾泥质粉砂岩,上部为紫红色砾岩与泥质粉砂岩互层,厚度为 79～363 m,与下伏九店组、上覆早白垩世郝岭组均呈整合接触。

　　下河东组尚未采获古生物化石,仅依据其地层位置夹持在早白垩世九店组与早白垩世郝岭组之间,将其时代确定为早白垩世。

(三)郝岭组(K₁h)

郝岭组由河南省地质博物馆 2010 年于汝阳县刘店乡郝岭村创名,其代表剖面为汝阳县三屯乡下河东村赵家沟—刘店镇史家沟—禾叶村剖面。

郝岭组主要分布于汝阳县马兰河以东的刘店镇南部—汝州市寄料街北部地区,在马兰河以西的上范沟—秋沟及瓦店沟一带也有分布。该组为一套扇三角洲—湖泊相沉积,厚度为 418~625 m。该组与下伏下白垩统下河东组、上覆上白垩统上东沟组均呈整合接触。其下部为淡紫红色砾岩与棕红色泥质粉砂岩互层,夹灰白色岩屑砂岩;中部为绿灰色砾岩、砂砾岩与棕红色泥质粉砂岩、粉砂质泥岩互层,夹棕黄色岩屑砂岩和灰色、灰绿色泥岩;上部为紫红和绿灰色砾岩、黄绿色岩屑砂岩与紫红色泥质粉砂岩或细砂岩互层,夹灰白色砂砾岩及 1~3 层灰色和灰绿色含黄铁矿结核粉砂岩或泥岩,紫红色泥质粉砂岩中的钙质结核非常发育,局部地区相变为泥质灰岩。该组产恐龙骨骼、双壳类、介形虫类、轮藻类、孢粉等化石。其时代为早白垩世中晚期的阜新期—泉头期(巴雷姆期—阿尔布期)。据河南省地质博物馆(2010 年)资料,其中已知各类常见化石如下。

恐龙类:*Huanghetitan ruyangensis*(汝阳黄河巨龙),*Xianshanosaurus shijiagouensis*(史家沟岘山龙),*Luoyangosaurus liudiangensis*(刘店洛阳龙),*Ruyangosaurus giganteus*(巨型汝阳龙),时代为早白垩世晚期的阿普特期—晚白垩世早期土仑期。

双壳类:*Nakamuranaia* aff. *chingshanensis*(青山中村蚌,亲近种),*Nakamuranaia chingshanensis*(青山中村蚌),*Nakamuranaia subrotunda*(近圆中村蚌)。

介形虫类:*Ziziphocypris costata*,*Ziziphocypris* sp.,*Cypridea unicostata*,*Cypridea concina*,*Cypridea* sp.,*Candona shangshuiensis*,*Candona aurita*,*Candona* sp.,*Darwinula leguminella*,*Darwinula contracta*,*Eucypris infantilis*,*Eucypris delilis*。

轮藻类:*Clypeator zongjiangensis*,*Flabellochara* sp.,*Mesochara stipitata*,*Mesochara latiovata*,*Obtusochara* sp.,*Alistochara wangi*,*Alistochara poculiformis*,*Clypeator jiuquanensis*,*Aclistochara mundula*,*Aclistochara huihuibandensis*。

孢粉:蕨类植物孢子以 *Hsuisporites*、*Cicatricosisporites*、*Densoisporites* 为优势分子;见有 *Hsuisporites* sp.、*H. liaoningensis*、*H. rugatus*、*Cicatricosisporites* sp.、*C.* cf. *dahuichangensis*、*C. minor*、*Densoisporites* spp. 等;裸子植物中以 *Classopollis* 花粉为优势,见有 *Classopollis* sp.、*C. granulatus*、*C. parvus* 和 *C. annulatus*。*Psophosphaera* 有一定含量;松柏类双气囊花粉仅见于 *Piceaepollenites*,未见气囊分化不完善的古老松柏类花粉;单沟花粉见有 *Cycadopites* 和 *Chasmatosporites*,但含量较低,孢粉组合的地质时代更倾向于早白垩世中晚期。

(四)上东沟组(K₂s)

上东沟组由河南省地质博物馆 2010 年于汝阳县刘店镇东沟村创名,其代表剖面为汝阳县刘店镇狼坡凹—上东沟剖面,为一套辫状河—三角洲相沉积,厚度为 331~341 m。该组与下伏郝岭组、上覆古近系均呈整合接触。

上东沟组分布于汝阳县二郎庙至观上一带,及上凹至土桥、竹园以西、刘店以南一带的低山顶部,在马兰河以西的角叶扒、瓦店沟、炉沟岭一带的低山顶部也有零星分布。主要岩性组合以棕红色泥质粉砂岩、灰白色砂砾岩为主,夹含砾泥质粉砂岩、砾岩。本组砂砾岩纵向和横向变化较大,槽状交错层理发育。

下部层位可见甲龙类完整头骨、椎体和大量甲片化石,如 *Zhongyuansaurus luoyangensis*(洛阳中原龙)。

上东沟组的时代归属及上覆古近系的划分等基本问题目前尚不明朗,有待今后进一步研究。现仅依据在上东沟组下部和中部两个层位中发现的甲龙类骨骼化石残片将其时代暂定为晚白垩世。

### 二、汝阳盆地白垩系中的遗迹化石

在汝阳盆地白垩系下河东组、郝岭组和上东沟组中的砂岩、砂质泥岩中发现了大量的遗迹化石,按其产状及形态可分为:竖直潜穴、J 形潜穴、Y 形潜穴、U 形潜穴、直形至弯曲形遗迹化石,其产状特征如图 8-4 所示。

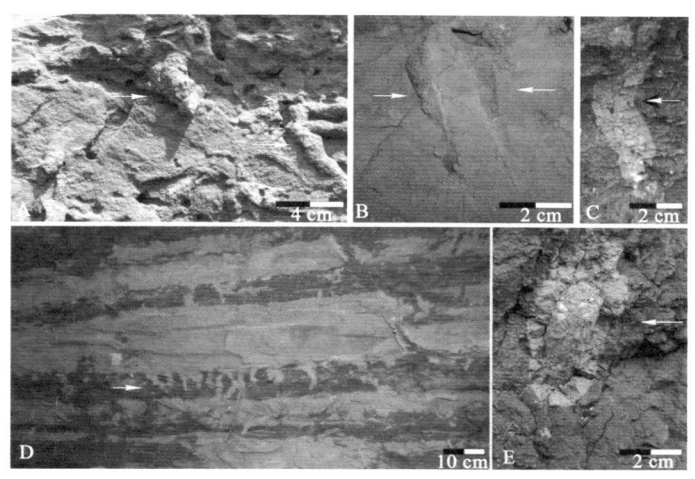

A—*Palaeophycos* sp.,近层面分布,产自曹家村剖面第 10 层砂岩;B—*Scoyenia* sp.,产自曹家村剖面第 12 层砂岩;C—竖直潜穴,产自狼坡凹剖面第 73 层泥质粉砂岩;D—U 形、W 形、J 形和 Y 形潜穴,产自郝岭村剖面第 34 层粉砂质泥岩,呈垂直或近垂直层面分布;E—*Palaeophycos* sp.,产自狼坡凹剖面粉砂质泥岩。

图 8-4 豫西汝阳盆地白垩系遗迹化石的产状特征

（一）竖直潜穴

竖直潜穴发育在粉砂质泥岩中,潜穴与层面垂直或近垂直,孤立或成群出现;单个的形态呈直管状、略弯曲或顶部呈漏斗状,未见分支;潜穴从层面以直角或近直角向层内延伸,直径为 1.5～2 cm,延伸距离大多在 40 cm 以内变化,一般为 2～20 cm;潜穴为被动式充填。此类遗迹化石的造迹生物一般被认为是食悬浮物的生物或滤食性生物。该类生物居住在潜穴管内营滤食性生活,多见于水动力较强的沉积环境。

（二）U 形潜穴

这类潜穴是在剖面上呈 U 形、J 形、Y 形或 W 形的管状潜穴。这类潜穴与层面基本垂直或近垂直,潜穴管直径为 6~46 mm,长度为 15~60 mm,潜穴管向层内延伸并渐渐倾斜到与层面平行,有的潜穴管间还发育蹼状构造。它们的造迹生物主要为食悬浮物或食泥生物,这些生物在潜穴中往往营居住和进食两种生态行为,多出现在中等水动力条件的沉积环境中。

(三) 直形至弯曲形遗迹化石

这类遗迹化石的一般特征是呈平直—微弯曲—任意弯曲状,层面上有脊痕和沟痕,也有近层面潜穴。它们的分布与层面平行或基本平行,有些遗迹部分平行层面、部分以各种角度穿插入层内。造迹生物有在层面爬行或拖行的生物,也有向层内挖掘食泥的生物。一般来讲,这一大类遗迹多数产生于水体较宁静或低能沉积环境。在该研究区常见两种类型:① *Palaeophycos tubularis*(管状古藻迹),该遗迹化石为呈管状近层面分布的潜穴,长度为 8 cm,直径为 30 mm,中心柱管直径为 16 mm,有明显的衬壁;② *Scoyenia gracilis*(纤细斯柯茵迹),该遗迹化石是呈微弯曲的管状潜穴,具新月形回填纹构造,长度为 90 mm,宽度为 9 mm,平行于层面分布。

据前人对陆相遗迹群落的研究表明,上述三类遗迹化石在河流漫滩和滨浅湖沉积环境中是常见的。

总体上来看,在汝阳盆地白垩系下河东组、郝岭组和上东沟组中发现的遗迹化石分布特征以局部集中分布为特色,多数以全浮痕保存,少数以半浮痕保存。*Scoyenia* 等进食迹主要产于紫红色粉砂质泥岩和粉砂岩中,*Skolithos*、J 形、U 形等居住迹主要产于中厚层的砂岩中,*Palaeophycus* 等则兼具进食迹和居住迹,主要产于紫红色粉砂质泥岩和粉砂岩中。

**三、汝阳盆地白垩系沉积环境分析**

对汝阳盆地的岩性、沉积构造和生物遗迹化石组合特征的分析显示,该地区白垩系下河东组、郝岭组和上东沟组是一套辫状河冲积扇沉积。

该套沉积序列从下至上依次为河道沉积和泛滥平原沉积(图 8-5),下部为粗砾岩、细砾岩和含砾粗砂岩沉积,上部为粉砂质泥岩沉积;由下而上沉积物粒度变细,上部与下部沉积物厚度比为 1:2~2:1,可解释为近源辫状河沉积。

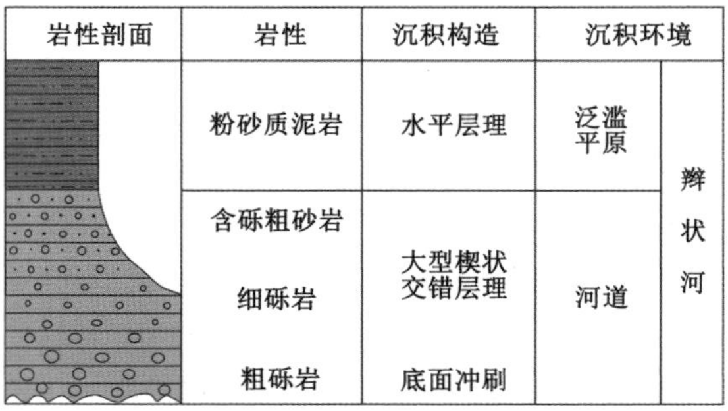

| 岩性剖面 | 岩性 | 沉积构造 | 沉积环境 | |
|---|---|---|---|---|
| | 粉砂质泥岩 | 水平层理 | 泛滥平原 | 辫状河 |
| | 含砾粗砂岩 | 大型楔状交错层理 | 河道 | |
| | 细砾岩 | | | |
| | 粗砾岩 | 底面冲刷 | | |

图 8-5  汝阳盆地白垩系辫状河沉积序列

下河东组底部为凝灰岩构成的砾石,块状层理,杂基支撑。其下部主要为紫红色复成分砾岩、淡紫红色砾岩,夹棕红色含砾泥质粉砂岩、灰白色岩屑砂岩;砾石磨圆度相差较大,以磨圆度较好的球状、椭球状为主,部分呈次棱角状,大小混杂,砾石成分主要为熊耳群火山岩;各层横向连续性较差,多为大小不等的透镜体,总体上为由下向上变细变薄的正旋回层序组合,显示冲积扇扇根沉积序列的特点。其中上部为棕红色、灰绿色砂砾岩,与紫红色粉砂质泥岩、钙质泥岩互层;砾石磨圆度较好,发育水平层理以及大型板状、槽状交错层理和冲刷构造,可见直形至弯曲形层面遗迹化石和生物潜穴,总体上为向上变细的正粒序沉积,显示冲积扇扇中沉积序列的特点(图8-6A),沉积物主要为泥石流沉积和河道充填沉积。该组整体上是多个砾岩和泥质粉砂岩所组成的自下而上逐渐变细的正旋回沉积序列,形成于由冲积扇扇根向扇中转变的沉积环境。

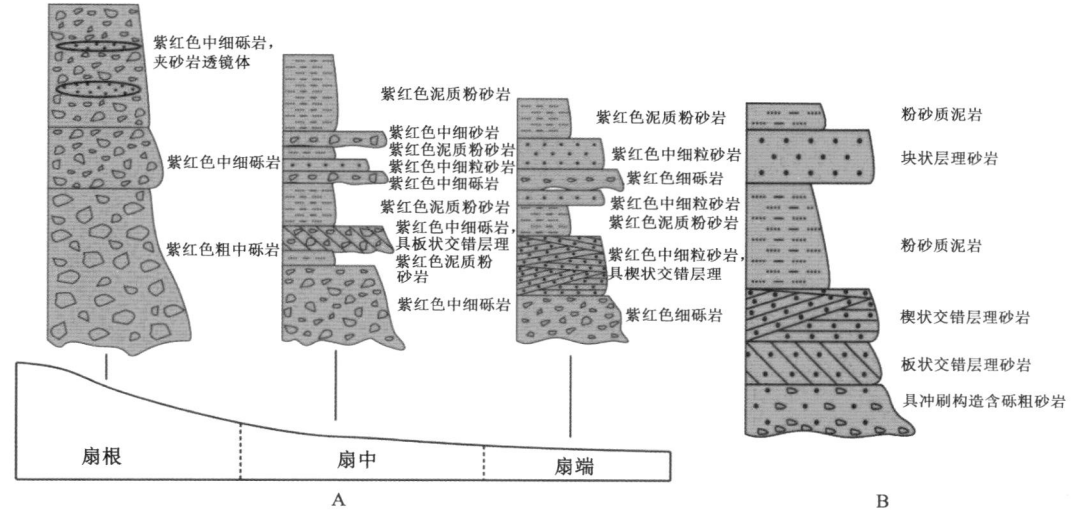

A—沉积序列类型;B—沉积背景。

图8-6 豫西汝阳盆地白垩系沉积序列类型及其沉积背景

郝岭组下部为紫红色砾岩、灰绿色砂砾岩以及棕红色泥质粉砂岩、粉砂质泥岩互层,夹棕黄色、灰白色岩屑砂岩,具有水平、缓波状层理、大型楔状交错层理,砾岩底面见明显冲刷构造,泥岩层中可见钙质结核,部分岩层纵向变化较大,含有恐龙骨骼化石和遗迹化石。总体表现出从下往上逐渐变细的冲积扇扇端沉积序列特征(图8-6A),沉积物主要为冲积扇扇端上辫状河道及漫流沉积,上部为大套的紫红色灰绿色巨厚层砾岩与黄绿色细粒岩屑砂岩互层,夹灰白色砂砾岩,砾岩层的厚度远大于砂岩层的厚度,可见大型楔状交错层理、块状层理,砾岩底面常见冲刷构造,纵向上有向上变细变薄的粒序变化,表现出冲积扇扇中的沉积序列特征(图8-6A)。顶部沉积中砾岩层的厚度远小于泥质细砂岩和粉砂质泥岩的厚度,这表明沉积过程是由冲积扇扇中向扇端的逐渐转变。在郝岭组的沉积序列中可见砾岩、含砾砂岩和砂岩底部与下伏岩层呈侵蚀冲刷接触,砂岩层发育楔状交错层理或块状层理,为自下而上由粗变细的二元构造,显示出扇前端辫状河流的沉积序列特点(图8-6B)。因此,郝岭组总体上为冲积扇扇端至扇中和扇端的沉积环境,有时出现扇中至扇端的辫状河道及漫流沉积。

上东沟组底部为灰白色厚层状复成分砾岩,砾岩底部可见冲刷面,砾石以中等粒径为主,磨圆度较好,分选性较差,杂基支撑,发育楔状交错层理;其下部为棕红色中厚层泥质粉砂岩夹灰白色砂砾岩;其上部为灰白色厚层状砂砾岩与棕红色粉砂质泥岩互层,夹细砾泥岩、泥质粉砂岩,砾石粒径中等,磨圆度较好,分选性差,颗粒支撑,砾岩底部可见明显的冲刷面,砾岩层在横向上变化较大,发育波状层理、大型槽状和楔状交错层理,部分泥岩层中发育生物潜穴。该组总体上表现为多个正旋回组合,可解释为冲积扇扇端沉积环境,发育辫状河道及漫流沉积。

汝阳盆地下河东组是以砂岩与砾岩互层为特征的河漫滩环境,上东沟组是以粉砂质泥岩与砂砾岩互层为特征的河漫滩环境。遗迹化石组合 Palaeophycus tubularis(管状古藻迹)和 Scoyenia gracilis(纤细斯柯茵迹)在汝阳盆地下河东组和上东沟组同时出现,可指示冲积扇扇端辫状河河漫滩环境。近垂直剖面分布的 U 形、W 形、J 形和 Y 形管状潜穴同时出现在汝阳盆地郝岭组粉砂质泥岩夹细砂岩条带层中,可指示河漫湖泊环境。

### 四、汝阳盆地白垩系郝岭组辫状河沉积化石与现代辫状河漫滩中生物遗迹对比

对汝阳盆地白垩系郝岭组的岩性、沉积构造和生物遗迹化石组合特征的分析显示,该组为一套辫状河沉积,与黄河中下游焦作地区现代辫状河沉积具有相似之处。

郝岭组下部具有水平、缓波状层理、大型楔状交错层理,砾岩底面见明显冲刷构造,泥岩层中可见钙质结核,部分岩层纵向变化较大,含有恐龙骨骼化石和遗迹化石。上部可见大型楔状交错层理、块状层理。顶部沉积中砾岩层的厚度远小于泥质细砂岩和粉砂质泥岩的厚度,这表明沉积过程是由冲积扇扇中向扇端的逐渐转变。在郝岭组的沉积序列中可见砾岩、含砾砂岩和砂岩底部与下伏岩层呈侵蚀冲刷接触,砂岩层发育楔状交错层理或块状层理,为自下而上由粗变细的二元构造,显示出扇前端辫状河流的沉积序列特点(图 8-7A)。近垂直剖面分布的 U 形、W 形、J 形和 Y 形管状潜穴同时出现在汝阳盆地郝岭组粉砂质泥岩夹细砂岩条带层中。

黄河中下游焦作地区现代辫状河沉积,自下而上可见底层冲刷面,沉积物为细砂和粉砂,混有砂泥粒;向上为小型槽状交错层理、变形层理,沉积物为粉砂、泥质粉砂,可见上攀层理、缓波状层理、水平层理,其中层内和层面生物潜穴及植物根迹发育;最上层为泛滥平原沉积,沉积物为泥、粉砂质泥,层内具竖直、U 形、W 形、J 形和 Y 形的管状潜穴和植物根迹(图 8-7B)。

汝阳盆地白垩系郝岭组辫状河沉积中的遗迹化石与黄河中下游焦作地区现代辫状河漫滩中生物遗迹的对比表明(图 8-7),发育遗迹的岩性均为泥岩、粉砂质泥岩或泥质粉砂岩,可见缓波状层理,水动力不强。遗迹在层内多呈管状保存。这说明遗迹化石在水动力不强的辫状河漫滩的泛滥平原和远岸边滩具有较大的保存潜力,且层内遗迹保存潜力更大。

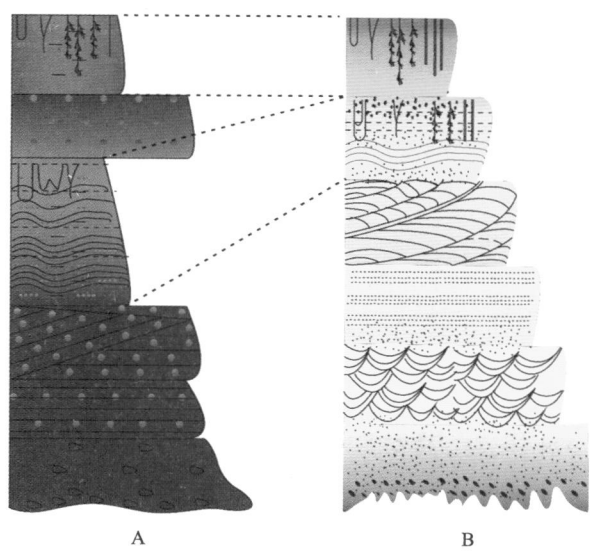

A—汝阳盆地白垩系郝岭组辫状河沉积中的遗迹化石；B—黄河中下游焦作地区现代辫状河漫滩中的生物遗迹。

图 8-7　汝阳盆地白垩系郝岭组辫状河沉积中的遗迹化石与黄河中下
游焦作地区现代辫状河漫滩中的生物遗迹对比

## 第四节　黄河三角洲现代生物遗迹与古河控
## 三角洲沉积中遗迹化石的对比

　　Gingras 等(1998)根据五个典型古河控三角洲地层绘制了古河控三角洲沉积中的遗迹群落理想模式(图 8-8A)。古河控三角洲沉积因有大量的河水注入而具有持续的半咸水遗迹群落特征，其遗迹化石的丰度和分异度较高，但较浪控三角洲遗迹化石的丰度和分异度均有所下降。河水的注入及由此带来的高沉积速率直接导致了河控三角洲沉积中较高的遗迹化石分异度。古河控三角洲分流河道及其间湾沉积中的遗迹化石特征组合为 *Ophiomorpha*、*Palaeophycus* 及 *Teredolites*。渐近海的方向，河流的影响逐渐减弱甚至消失，三角洲前缘沉积中遗迹化石分异度降低，常见的遗迹化石为 *Planolites*、*Skolithos*、*Lockeia*、*Teichichnus*、*Diplocraterion* 及 *Cylindrichnus*(图 8-8A)(Fielding，2010；Gingras et al.，1998；Moiola et al.，2004；Olariu et al.，2005)。

　　与古河控三角洲沉积中的遗迹群落相比，现代河控三角洲(黄河三角洲)中生物遗迹群落的丰度和分异度较低(图 8-8)。层面生物遗迹保存潜力较小，古河控三角洲层面生物遗迹除螃蟹洞口图案遗迹有所保存外，其他生物遗迹鲜有保存。层内生物遗迹以垂直或近垂直层面的管状潜穴或三岔分支的螃蟹洞穴为主。黄河三角洲现代生物遗迹群落分异度和丰度较高(图 8-8B)，即三角洲前缘沉积中的现代生物遗迹群落与古三角洲前缘沉积中的生物遗迹群落具有较高的相似度。这是由于三角洲前缘受海洋影响较强烈，造迹生物种类相似，生物遗迹多以层内保存方式为主。

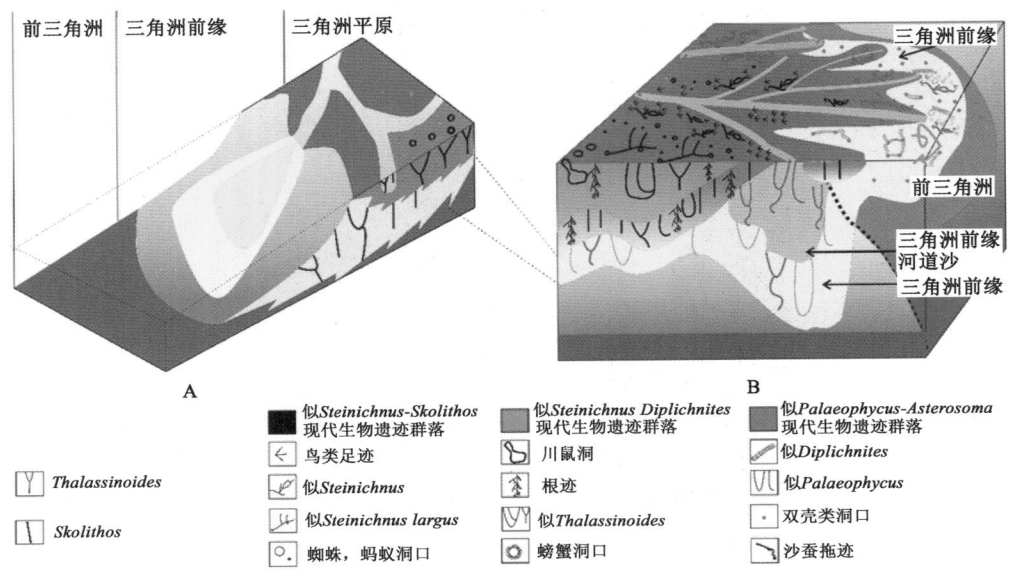

A—古河控三角洲沉积中的遗迹群落理想模式；B—黄河三角洲现代生物遗迹群落理想模式。

图 8-8　古河控三角洲沉积中的遗迹群落理想模式与

黄河三角洲现代生物遗迹群落理想模式比较

（图 A 改自 Gingras et al.,1998）

# 第九章　黄河三角洲现代生物遗迹群落分布特征及影响因素

## 第一节　似 *Steinichnus-Skolithos* 现代生物遗迹群落

似 *Steinichnus-Skolithos* 现代生物遗迹群落包括：泥甲虫（昆虫纲节肢动物门鞘翅目长泥甲科）、隐翅虫（昆虫纲节肢动物门鞘翅目隐翅虫科）的觅食迹和居住迹，类似 *Steinichnus* 遗迹化石，其风化后类似 *Scoyenia* 遗迹化石及鸟类的足迹；蟋蟀层内居住迹；蜘蛛居住迹；蝼蛄层面觅食潜穴，类似 *Steinichnus largus ichnosp*. nov.；蝼蛄进食潜穴和居住潜穴，类似 *Arenicolites* 遗迹化石；蠕虫类层内居住迹和觅食迹，类似 *Skolithos* 遗迹化石；田鼠洞和蚂蚁洞穴及大量植物根迹（图 9-1）。

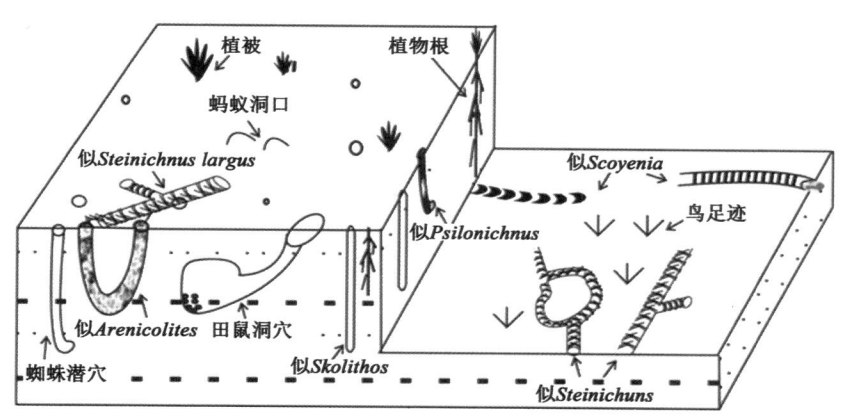

图 9-1　焦作地区黄河漫滩似 *Steinichnus-Skolithos* 现代生物遗迹群落

这些现代生物遗迹的组成以层面上的似 *Steinichnus* 和层内的似 *Skolithos* 为主，因此命名为似 *Steinichnus-Skolithos* 现代生物遗迹群落。这些现代生物遗迹与局部的食物链和生态系有着密切的关系（图 9-2）。如泥甲虫和隐翅虫主要分布在边滩靠近水位的位置，底层沉积物为细砂和粉砂，沉积物相对含水量大，几乎无植被。该区域周期性地被河水淹没和暴露，河水能带来大量的有机物，并且沉积底层中大量的硅藻能够将水分合成有机质，为泥甲虫提供了大量的食物,因此泥甲虫和隐翅虫的觅食迹似 *Scoyenia* 和似 *Steinichnus* 在该区域大量分布。同时,以泥甲虫和隐翅虫为食物的鸟类经常出现,因此鸟类觅食足迹也较多。而在河水影响较小的区域,植被开始出现,以植物为食的现代生物遗迹也开始出现,如蠕虫和直翅目蝼蛄以植物根为食,所造的层内竖直、U 形及 J 形潜穴,分别类似 *Skolithos*、*Arenicolites* 及 *Psilonichnus* 遗迹化石。

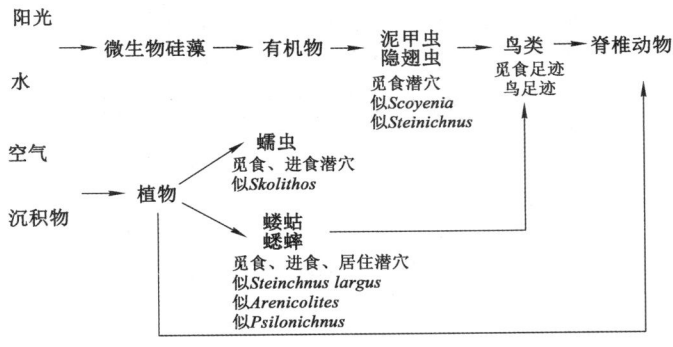

图 9-2　焦作地区黄河漫滩似 *Steinichnus-Skolithos*
现代生物遗迹群落的局部生态系

# 第二节　似 *Isopodichnus-Gordia* 现代生物遗迹群落

似 *Isopodichnus-Gordia* 现代生物遗迹群落以层面觅食迹为主。常见的造迹生物包括节肢动物蝼蛄、鞘翅目泥甲虫、食泥动物类、鸟类及蛙类等。其生物遗迹包括:节肢动物蝼蛄在不同相对含水量的层面上可造成不同形态的爬行迹,类似遗迹化石 *Isopodichnus*、*Oniscoidichnus* 及 *Permichnium*;鞘翅目泥甲虫的进食迹,类似遗迹化石 *Steinichnus*;线虫的觅食迹,类似遗迹化石 *Gordia* 和 *Cochlichnus*;食泥动物的觅食迹,类似遗迹化石 *Spirophycus*;蛙类的捕食足迹;蝼蛄逃逸迹;鸟类觅食足迹;等等(图 9-3)。

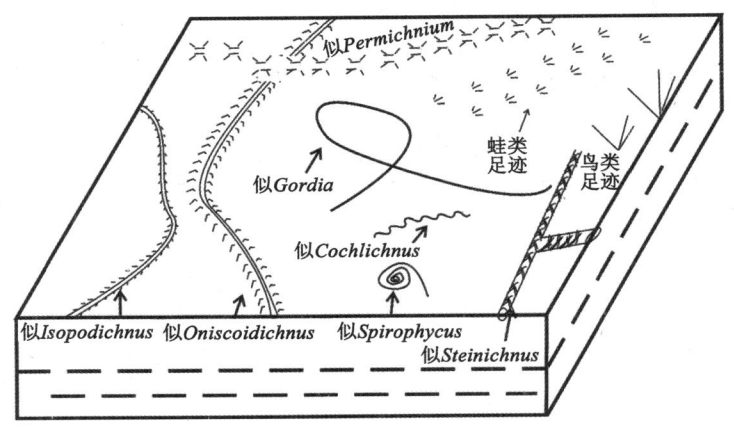

图 9-3　焦作地区黄河河漫滩似 *Isopodichnus-Gordia* 现代生物遗迹群落

似 *Isopodichnus-Gordia* 现代生物遗迹群落分布于焦作地区黄河河漫滩的暂时性水渠。该地区为辫状河道,河水泛滥至低滩,暂时性水渠较为常见。其底层沉积物泥质增多,多为汤底,相对含水量变化较大,可见泥裂;在较短时间范围内其水动力条件极弱,而有机质较为丰富,从而为造迹生物提供了大量的食物来源和较为稳定的生存环境。因此该地区食泥动物类的造迹生物数量多,生物遗迹丰度和分异度较边滩的均高,以层面生物遗迹为主且具有一种造迹生物可造多种生物遗迹的特点。

## 第三节　似 *Permichnium-Conostichnus* 现代生物遗迹群落

似 *Permichnium-Conostichnus* 现代生物遗迹群落以蜘蛛类层面爬行迹和蚁狮的层内捕食潜穴为主(图 9-4)。其沉积底层为干燥松散的粉砂质底层,因此蜘蛛在此底层中爬行可以形成爬行足迹。蚁狮可造平滑陡峭的漏斗状捕食潜穴。当蚂蚁或其他小虫爬入陷阱时,松软的粉沙即可滑下,造迹生物在漏斗底部不断向外弹抛沙子,食物自然被流沙推送至漏斗底部,造迹生物即可进食。可见松散干燥的沉积底层是似 *Permichnium-Conostichnus* 现代生物遗迹群落存在的必备条件。

由于低滩极少受到河水泛滥的影响,植被繁盛,物种丰富,生态环境较为稳定;而濮阳地区低滩为黄河的曲流河段,风沙作用较焦作地区的变大,河水流速减小,底层沉积物更细,从而为该遗迹群落的形成提供了良好的生态环境。

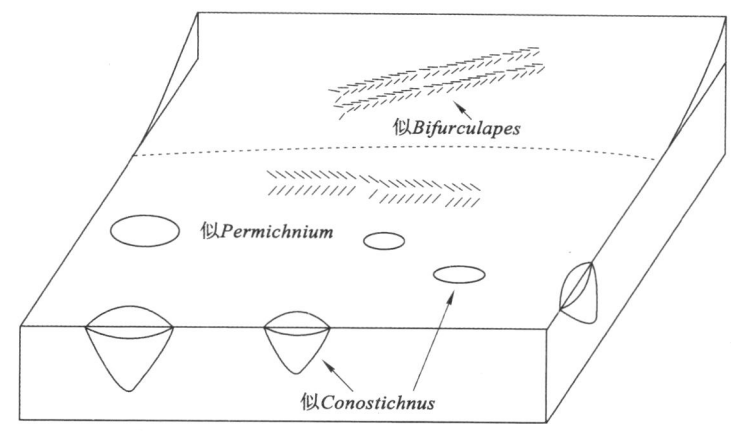

图 9-4　濮阳地区黄河漫滩似 *Permichnium-Conostichnus* 现代生物遗迹群落

## 第四节　似 *Steinichnus-Diplichnites* 现代生物遗迹群落

似 *Steinichnus-Diplichnites* 现代生物遗迹群落以层面觅食潜穴和爬行迹及逃逸迹为主(图 9-5)。常见的造迹生物包括泥甲虫(鞘翅目)、多毛虫、鼠妇(等足目)、螃蟹(十足目)及鸟类等。其生物遗迹包括:泥甲虫的层面觅食潜穴,类似遗迹化石 *Steinichnus* 和

*Megagrapton*；多毛虫的层面爬行迹或逃逸迹，类似遗迹化石 *Helminthoidichnites* 及 *Isopodichnus*；鼠妇的层面爬行迹，类似遗迹化石 *Diplopodichnus*；螃蟹的层面爬行迹，类似遗迹化石 *Diplichnites*；鸟类的层面觅食足迹；等等。

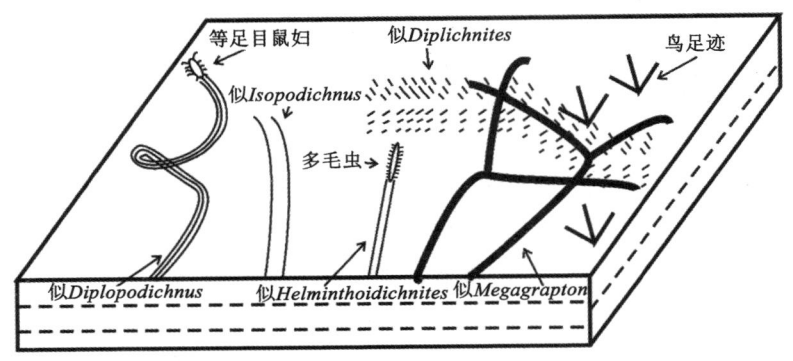

图 9-5　黄河三角洲平原废弃分流河道漫滩似 *Steinichnus-Diplichnites* 现代生物遗迹群落

似 *Steinichnus-Diplichnites* 现代生物遗迹群落分布在黄河三角洲平原废弃分流河道漫滩。黄河三角洲平原废弃分流河道在丰水期同时受到潮汐和河水的影响（姜在兴等，1994），沉积底层粒度较细，相对含水量较大，可以形成潜穴状生物遗迹。底层有机质丰富，为食泥生物提供了良好的食物来源，生物量比较繁盛，其现代生物遗迹分异度比分流河道漫滩的要大。除与分流河道相似的生物遗迹外，废弃分流河道生物遗迹的典型特征是，由于大的洪水的突发性导致生态环境突变，生物逃逸迹丰富。另外，受海水影响，螃蟹迹开始出现。

## 第五节　似 *Palaeophycus-Asterosoma* 现代生物遗迹群落

似 *Palaeophycus-Asterosoma* 现代生物遗迹群落以层内的 Y 形居住和进食潜穴似 *Palaeophycus* 以及层面十足动物螃蟹的花状洞口似 *Asterosoma* 为主。其包括的主要造迹生物有沙蚕、腹足类泥螺及十足动物螃蟹。其主要的现代生物遗迹包括：沙蚕层面的拖迹，类似遗迹化石 *Helminthoidichnites*、*Arthrophycus* 及 *Permichnium*；沙蚕层内近垂直的居住和进食迹，类似遗迹化石 *Skolithos*；Y 形居住和进食迹，类似遗迹化石 *Palaeophycus*；U 形居住和进食迹，类似遗迹化石 *Arenicolites*；螃蟹洞口的痕迹，类似遗迹化石 *Asterosoma*；腹足类泥螺的层面觅食迹，类似遗迹化石 *Psammichnites*。

似 *Palaeophycus-Asterosoma* 现代生物遗迹群落主要分布于黄河三角洲前缘水下分流间湾位置。该现代生物遗迹群落与三角洲平原上的似 *Steinichnus-Skolithos* 现代生物遗迹群落及似 *Steinichnus-Diplichnites* 现代生物遗迹群落差别较大。该群落的现代生物遗迹丰度和分异度均较大，底层沉积物为粉砂质泥或泥质粉砂。该区域环境类似潮间带和潮坪。沙蚕和腹足类的层面和层内觅食迹为这一区域现代生物遗迹群落的显著特征。

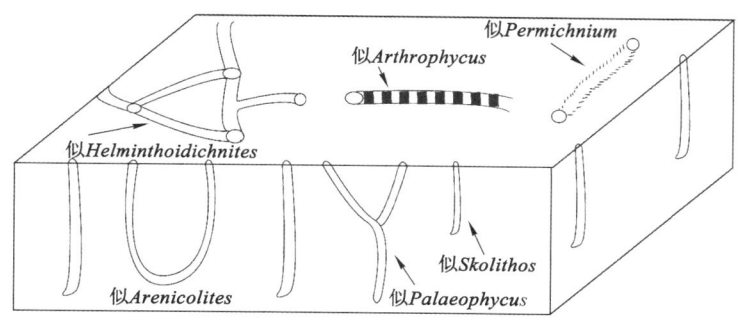

图 9-6　黄河三角洲前缘似似 *Palaeophycus-Asterosoma* 现代生物遗迹群落

# 第六节　黄河三角洲现代生物遗迹群落模式及其与沉积环境和生态环境的关系

　　总体上,从黄河三角洲平原分流河道漫滩到向海方向,黄河河漫滩沉积物的粒度成分和粒径的变化趋势明显。其粒径逐渐变粗,黏土成分减少而砂的成分增多,分选性仅在废弃河道处较差。其盐度升高,由 0.1‰ 升至 3.3‰。在黄河三角洲平原废弃河道、三角洲前缘潮沟及水下分流河道处物源相对丰富。黄河三角洲现代生物遗迹群落可灵敏地反映沉积底层、沉积环境和生态环境的变化特征。

　　根据对黄河三角洲不同微环境中现代生物遗迹的观察和研究,可将其划分为以下 3 种遗迹群落,其分布特征如下(图 9-7)。

　　① 似 *Steinichnus-Skolithos* 现代生物遗迹群落,主要分布在黄河三角洲平原漫滩上(图 9-7,黑色)。该类遗迹主要是甲壳动物、鞘翅目、长泥甲科及直翅目蝼蛄钻入表层沉积物所造的层面上的 Y 形和 F 形圆柱分支潜穴,表层具有纹饰且互相交切的似 *Steinichnus* 觅食迹,以及蠕虫和蝼蛄等的层内垂直、U 形进食和居住潜穴(类似遗迹化石 *Skolithos* 和 *Arenicolits*)。通常这些生物遗迹与鸟类足迹相伴生,其造迹生物为鸟类的食物来源。这些造迹生物通常存在于湿润的环境,钻入表层沉积物,觅食沉积物中的腐殖质及植物等。该沉积底层粒度较细,分选性较好,物源仅仅是黄河带来的沉积物质,为淡水环境,因此与黄河焦作段和濮阳段中的现代生物遗迹差别不大。这种现代生物遗迹群落反映了陆上淡水环境。

　　② 似 *Steinichnus-Diplichnites* 现代生物遗迹群落,主要出现在三角洲平原的废弃分流河道、三角洲前缘的潮沟和水下分流河道环境中(图 9-7,红色)。其主要的生物遗迹包括:层面上的似 *Steinichnus* 觅食迹;层内进食和居住潜穴,类似遗迹化石 *Arenicolites* 和 *Psilonichnus*;造迹生物螃蟹层面的爬行迹,类似遗迹化石 *Diplichnites*;层内所造的垂直、J 形、Y 形或者 U 形居住潜穴,通常潜穴外壁具有瘤状物,类似遗迹化石 *Psilonichnus*。这些环境中沉积底层粒度变粗,盐度升高,物源受到河水、潮汐和波浪等的多重影响,为淡水和咸水共同影响的环境,层面有机质丰富。因此,这些区域的造迹生物种类更加多样,层面生

物遗迹丰度和分异度均较高。该现代生物遗迹群落反映了一种半咸水环境。

③ 似 *Palaeophycus-Asterosoma* 现代生物遗迹群落,主要集中在三角洲前缘的水下分流间湾环境中(图 9-7,灰色)。其主要的造迹生物为沙蚕、螃蟹、软体双壳类蛤蜊及腹足类。其主要生物遗迹包括:层面上软体双壳类蛤蜊的洞口,或者具有环状火山口的洞口;层面上沙蚕的平行分岔的爬行迹;层内沙蚕的垂直、U 形和 J 形潜穴,类似遗迹化石 *Palaeophycus*;螃蟹在该位置的潜穴洞口呈花状,类似遗迹化石 *Asterosoma*。由于受到海水的影响该区域盐度较高,其造迹生物多为咸水或半咸水生物,因此其现代生物遗迹群落与其他研究区域差别较大。沉积物颗粒更粗,而波浪、潮汐及沿岸流的影响使该区域沉积物分选性较好,泥质减少,因此该区域沉积底层黏结性差,层面的现代生物遗迹多为层面拖迹而难以形成层面潜

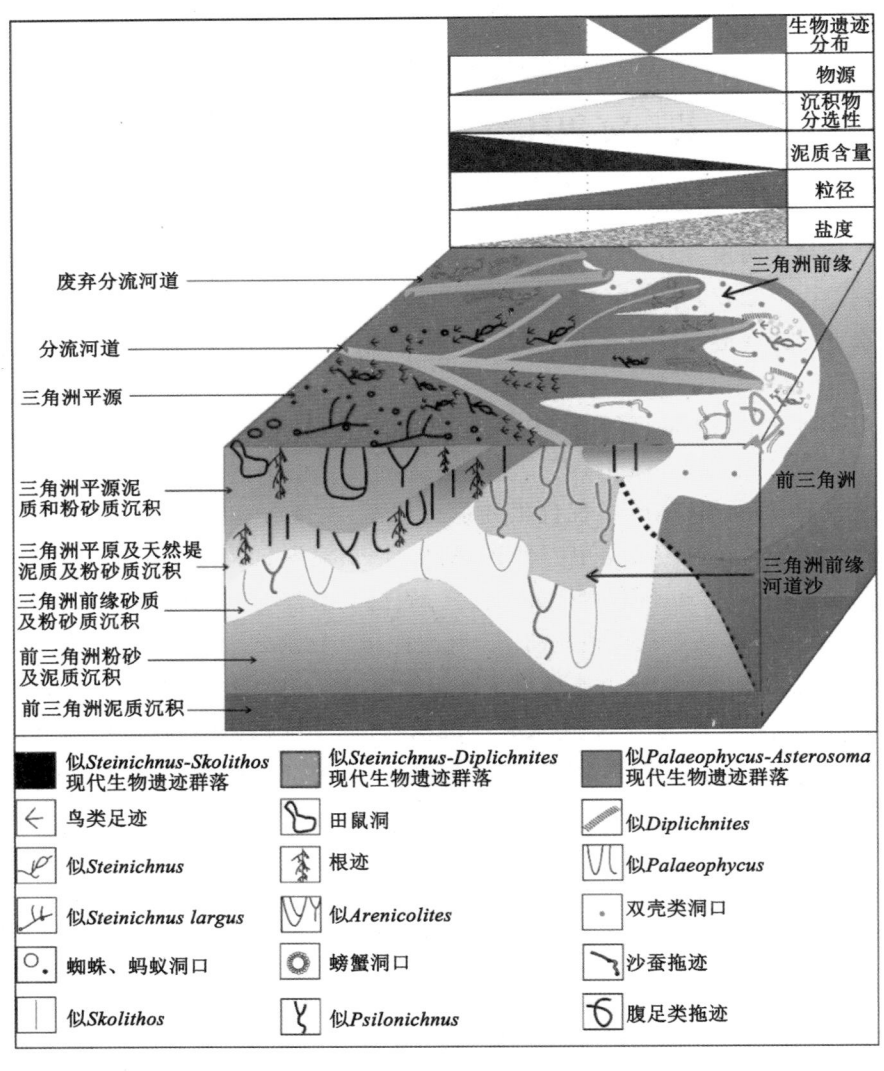

图 9-7 黄河三角洲现代生物遗迹群落分布模式及影响因素

穴。该生物遗迹群落反映了潮间带环境特征。

该研究区主要由似 *Steinichnus-Skolithos*（黑色）、似 *Steinichnus-Diplichnites*（红色）及似 *Palaeophycus-Asterosoma*（灰色）现代生物遗迹群落组成。底层沉积物粒度从黄河三角洲平原至三角洲前缘逐渐变粗，分选性由黄河三角洲平原至三角洲废弃河道和水下分流河道及潮沟逐渐变差，而至三角洲前缘水下分流间湾逐渐变好。沉积物自黄河三角洲平原至三角洲前缘含泥量逐渐减小。盐度自黄河三角洲平原至三角洲前缘逐渐升高。在三角洲平原废弃河道、三角洲前缘潮沟及水下分流河道处的物源最为丰富。其现代生物遗迹丰度和分异度均较高，在三角洲平原废弃河道层面生物遗迹丰富。

综上所述，黄河三角洲现代生物遗迹群落的组成和分布与沉积底层的粒度、分选性、盐度、泥质含量以及物源等存在着密切的关系（图 9-7），其中盐度决定了造迹生物的种类。在半咸水环境的黄河三角洲废弃河道、三角洲前缘的潮沟和水下分流河道中具有较高的现代生物遗迹分异度。沉积底层的性质、生态环境和水动力条件共同影响了造迹生物的造迹方式，从而影响了现代生物遗迹的形态。

# 第十章  黄河三角洲现代生物遗迹与现代沉积环境的响应关系

## 第一节  浑浊度与生物遗迹分布的关系

水体的浑浊度会对生物遗迹的种类产生影响,如高浑浊度的水体阻碍了食悬浮物造迹生物的滤食行为,堵塞造迹生物的虹吸管。尤其对于高浑浊度河流影响下的黄河三角洲潮坪来说,浑浊度将对生物遗迹的种类产生重要的影响(图 10-1)。黄河三角洲潮坪的浑浊度平均值为 287.02 NTU(NTU 是散射浊度单位),潮上带粒度和水动力均较小,因此浊度值最小(32.40 NTU),即此时浑浊度对生物遗迹的丰度和分异度基本没有影响。随着潮道的加宽,水深变大,潮流的剧烈冲刷使浊度值逐渐上升且普遍高,从而由潮上带到潮下带呈现出增加的趋势(图 10-1A),在潮道拓宽处达到最大值(936.40 NTU),在多条潮道汇集处浑浊度降低,生物遗迹的分异度、丰度和扰动率从而呈现出先增加后减小的趋势(图 10-2)。这是由于潮间带主要造迹生物如甲壳类生物日本大眼蟹、豆形拳蟹和软体动物红带织纹

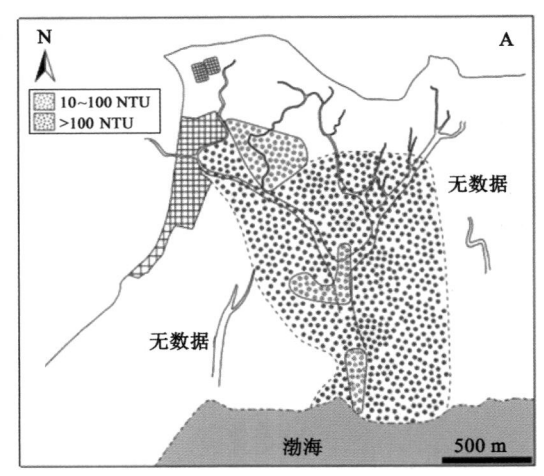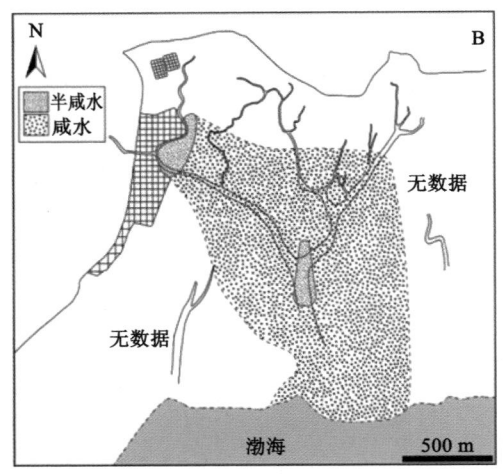

A—浑浊度;B—盐度。

图 10-1  黄河三角洲潮坪环境的浑浊度和盐度分布情况

螺、泥螺、托氏昌螺、秀丽织纹螺等以泥质有机物为食物,浑浊度的升高使食物来源匮乏,生物遗迹丰度和分异度急剧减少(前文中表 5-2)。而在多条潮道汇集处由于牡蛎礁的缓冲作用,浑浊度降低,以食悬浮物为主的双齿围沙蚕、双壳类生物四角蛤等造迹生物虹吸管的滤食行为大大增强,该类生物数量增多(前文中表 5-2),扰动率增强。而潮下带在潮汐涨潮期间堆积的泥沙流增加了水体浑浊度,生物遗迹的分异度不变、丰度略微降低(图 10-2)。这是由于潮下带的造迹生物主要为托氏昌螺和四角蛤,浑浊度的增加大大限制了这些食悬浮物生物的滤食效率。

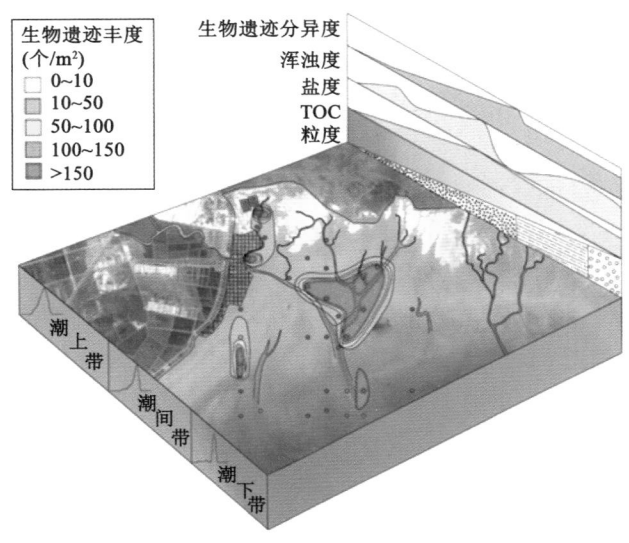

图 10-2 黄河三角洲潮坪环境现代生物遗迹影响因素模式图

## 第二节 盐度与生物遗迹分布的关系

生物对盐度的敏感性表现在物种组成、生物现存量、多样性的空间不均衡性。盐度的增加和减少以及生物耐盐性也是影响生物群落分布的关键因素,这是因为盐度可以显著影响生物群落中喜盐生物和抗盐生物的分布。随着涨潮流进入低盐度水域,底栖动物的物种丰度明显减小,因此盐度对潮坪遗迹的分异度、丰度、扰动程度、遗迹的直径、遗迹的分布特征及分布形式等均具有灵敏的影响。黄河三角洲潮坪盐度特征整体与地形地貌特征平行,但是受潮道分布的影响,其潮坪盐度特征在横向上呈差异性分布。生物遗迹与盐度特征响应关系明显。

研究区长期受海水侵蚀,盐分较高,属于半咸水和咸水持续混合区域(图 10-1B),潮上带中靠近农田区域的盐度相对较低,属于半咸水环境(0.5‰~16‰),整体生物扰动率中等,生物遗迹的丰度和分异度中等(图 10-2)。在远离潮道的区域,其盐度低,生物遗迹丰度高,但是生物遗迹的分异度与潮上带的大体持平。日本大眼蟹属于广盐性生物,在盐度过高的情况下不适应。当达到最适盐度 26.25‰时,生物丰度最大,生物扰动程度也最高,平均潜穴直径为 2.19 cm,扰动密度为 41 个/m²。潮间带盐度稳定,生物扰动率、生物遗迹的丰度和分异度最高,尤其在潮道入海口处,盐度降低,生物扰动率达到最大值,生物遗迹的丰度达到最大值,同样的日本大眼蟹的潜穴直径增加到 3.41 cm,但是扰动密度减少到 31 个/m²。这是由于盐度的降低导致日本大眼蟹数量及其潜穴数量减少,螃蟹为了适应盐度的降低不得不增加潜穴的直径以获取更多的咸水从而调整潜穴内的盐度。潮下带盐度高,属于咸水环境(16‰~47‰),高营养盐和有机碎屑随着潮汐进入潮下带,盐度整体升高,海洋生物比例大于淡水生物比例,生物遗迹的丰度和分异度中等,主要造迹生物为喜盐生物托氏昌螺和四角蛤。

## 第三节　水动力、粒度、沉积速率及 TOC 与生物遗迹分布的关系

水动力、粒度及沉积速率三者之间是相互联系的,水动力和粒度对沉积速率起到了关键的控制作用,而 TOC(总有机碳含量)又与粒度特征呈正相关关系(图 10-3),四者共同影响了生物的分布特征。水动力主要来自波浪和潮汐,基本没有受到黄河的直接影响。其中波浪具有明显的季节性,以冬季最甚,春季和秋季次之,夏季最弱;潮流为不规则的半日潮,潮汐携带黄河扩散至海洋的泥沙进入潮坪,因此沉积物主要为黄河入海泥沙和再悬浮沉积物。

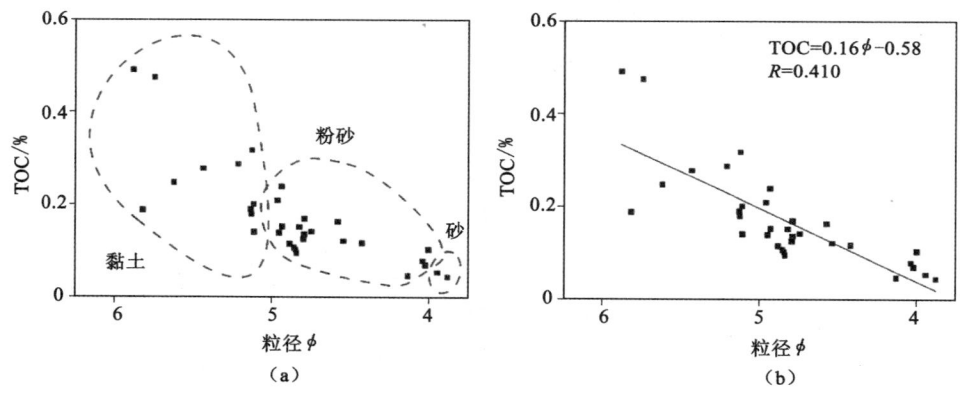

图 10-3　TOC 与粒径 $\phi$ 的关系

潮上带为低能高潮区,以泥质沉积物为主,极个别采样点为粉砂,分选性极好,粒度累计分布曲线大多是单峰近对称曲线,偏态近乎对称,峰态非常平坦,水动力弱,有机物来源丰富,TOC 最高,生物遗迹分异度最低。然而在粉砂质沉积物区域生物遗迹丰度最高(图 10-2),这是因为该区域的底质含水量较小,较坚硬,适合日本大眼蟹生存。潮道两侧日本大眼蟹的丰度较其他生物丰度高,这是因为他们更能适应复杂多变的水文和沉积环境。

潮间带沉积物为粉砂,分选性极好,粒度累计分布曲线大多是单峰不对称曲线,偏态呈很负偏,峰态平坦,坡度平缓,生物遗迹分异度和丰度整体增大,尤其在几条潮道汇聚处往复的潮汐带来的有机物又为动物提供了充足的营养物质,TOC 相对较高,水动力相对潮下

带较弱,沉积速率低,生物遗迹丰度和分异度达到最大,尤其潮道口的大片牡蛎礁,对湍急的风浪起到了一定的缓冲作用,为其他生物创造了较好的生存环境。

潮下带属于高能低潮区,以极细砂为主,分选性极好,粒度累计分布曲线大多是尖锐双峰不对称曲线,偏态呈负偏,峰态相对尖锐,物理沉积构造相对简单,粒度最粗,TOC 最低,水动力最强,沉积速率最高,生物遗迹分异度基本保持不变,丰度增大,造迹生物种类发生较大变化,主要为托氏昌螺的爬行迹和四角蛤的居住迹。

## 第四节　对古潮坪遗迹学和古潮坪沉积环境的启示

首先,在古潮坪遗迹学方面,黄河三角洲潮坪不能简单地用任何一类已建立的遗迹相来描述。黄河三角洲潮坪环境的生物遗迹既有层面类型又有层内类型,混合了典型的 *Skolithos* 遗迹相和 *Cruziana* 遗迹相。一种新的适用于黄河三角洲潮坪在物理化学环境应力影响下的类古潮坪环境的遗迹相模型有待建立。

其次,在古潮坪沉积环境方面,黄河三角洲潮坪的现代生物遗迹为类比研究古潮坪的沉积速率提供了现代遗迹方面的实证材料。三角洲潮坪的低沉积速率有利于造迹生物在沉积底层造迹以及生物遗迹的更均衡分布和保存;而在高沉积速率条件下,底层沉积物间歇性瞬时性的迅速沉积导致生物生殖和居住活动频率锐减,生物遗迹丰度随之降低,而且随着沉积物的迁移和瞬时沉积,动荡和不稳定的环境限制了造迹生物的种类多样性,从而导致生物遗迹分异度降低。

# 参 考 文 献

[1] 陈晨,卢双舫,李俊乾,等,2017.不同岩相泥页岩数字岩心构建方法研究:以东营凹陷为例[J].现代地质,31(5):1069-1078.

[2] 陈浩,黄继新,常广发,等,2018.基于全岩心 CT 的遗迹化石识别及沉积环境分析:以加拿大麦凯Ⅲ油砂区块为例[J].古地理学报,20(4):703-712.

[3] 陈吉涛,2020.软沉积物变形构造研究进展[J].地层学杂志,44(1):64-75.

[4] 陈世杰,赵淑萍,马巍,等,2013.利用 CT 扫描技术进行冻土研究的现状和展望[J].冰川冻土,35(1):193-200.

[5] 陈耀泰,1991.珠江入海泥沙的浓度和成分特征及其沉积扩散趋势[J].中山大学学报(自然科学版),30(1):105-113.

[6] 陈中原,王张华,2003.长江与尼罗河三角洲晚第四纪沉积对比研究[J].沉积学报,21(1):66-74.

[7] 成国栋,1997.黄河三角洲沉积地质学[M].北京:地质出版社.

[8] 丁奕,时敏敏,刘祎楠,2016.遗迹化石三维重建研究新进展[J].地层学杂志,40(4):401-410.

[9] 董小波,2015.豫西北奥陶系马家沟组遗迹组构的储层改造机制研究[D].焦作:河南理工大学:1-88.

[10] 范代读,李从先,2000.长江三角洲泥质潮坪沉积的韵律性及保存率[J].海洋通报,19(6):34-41.

[11] 范振刚,1976.青岛潮间带底内蟹类生态及洞穴观察[J].海洋科学集刊(11):397-403.

[12] 付晓芬,2017.粒度分析在沉积环境中的应用[J].世界有色金属(24):261-262.

[13] 高丽娜,陈文革,2009.CT 技术的应用发展及前景[J].CT 理论与应用研究,18(1):99-109.

[14] 龚一鸣,胡斌,卢宗盛,等,2009.中国遗迹化石研究 80 年[J].古生物学报,48(3):322-337.

[15] 苟量,王绪本,曹辉,2002.X 射线成像技术的发展现状和趋势[J].成都理工学院学报,29(2):227-231.

[16] 韩召军,2008.面向 21 世纪课程教材:园艺昆虫学[M].2 版.北京:中国农业大学出版社:304-306.

[17] 胡斌,吴贤涛,潘丽敏,1991.川西峨眉晚古生代和中生代河流沉积中的痕迹化石群落[J].沉积学报,9(4):128-135.

[18] 胡斌,吴贤涛,1993.川西峨眉晚白垩世夹关期河流沉积中的痕迹化石群落[J].古生物学报,32(4):478-489.

[19] 胡斌,王冠忠,齐永安,1997.痕迹学理论与应用[M].徐州:中国矿业大学出版社:1-209.

[20] 胡斌,齐永安,张国成,等,2002.中国中—新生代陆相沉积中的遗迹群落[J].沉积学报,20(4):574-581.

[21] 胡斌,王媛媛,张璐,等,2012.黄河中下游焦作区段现代边滩沉积中的生物遗迹[J].古地理学报,14(5):628-638.

[22] 胡斌,张白梅,王海邻,等,2015.现代滦河三角洲沉积中的生物遗迹[J].河南理工大学学报(自然科学版),34(2):185-191.

[23] 胡斌,王海邻,宋慧波,2020.中国新遗迹学研究[M].青岛:中国石油大学出版社:1-255.

[24] 黄学勇,高茂生,侯国华,等,2021.现代黄河三角洲南部潮间带及附近海域沉积特征认识与分析[J].沉积学报,39(2):408-423.

[25] 惠遇甲,张仁,1996.小浪底水库运用对下游游荡性河道的影响[J].人民黄河,18(10):27-29.

[26] 霍文,何清,杨兴华,等,2011.中国北方主要沙漠沙尘粒度特征比较研究[J].水土保持研究,18(6):6-11.

[27] 季汉成,2004.高等院校石油天然气类规划教材:现代沉积[M].2版.北京:石油工业出版社.

[28] 贾建军,高抒,薛允传,2002.图解法与矩法沉积物粒度参数的对比[J].海洋与湖沼,33(6):577-582.

[29] 姜在兴,王留奇,马在平,等,1994.黄河三角洲现代沉积学[M].东营:中国石油大学出版社:43-54.

[30] 金秉福,2012.粒度分析中偏度系数的影响因素及其意义[J].海洋科学,36(2):129-135.

[31] 金振奎,高白水,李桂仔,等,2014.三角洲沉积模式存在的问题与讨论[J].古地理学报,16(5):569-580.

[32] 赖廷和,何斌源,黄中坚,等,2019.防城河口湾潮间带大型底栖动物群落结构研究[J].热带海洋学报,38(2):67-77.

[33] 黎刚,陈均远,冼鼎昌,等,2013.微体化石3D结构的同步辐射无损成像研究[J].生命科学,25(8):787-793.

[34] 李承峰,刘昌岭,孟庆国,等,2015.青海聚乎更水合物赋存区岩心微观孔隙、裂隙的微CT图像表征[J].现代地质,29(5):1189-1193.

[35] 李福新,陈根兴,杨式溥,等,1983.青岛现代海洋几种底内动物的生活遗迹[J].地球科

学,8(2):114.

[36] 李广雪,薛春汀,1992.黄河三角洲的生物逃逸沉积构造[J].沉积学报,10(2):88-93.

[37] 李嘉泳,李福新,1962.胶州湾潮间带地内动物的生态学观察[J].山东海洋学院学报
(0):136-168.

[38] 李建鸿,黄昌春,查勇,等,2021.长江干流表层水体悬浮物的空间变化特征及遥感反演
[J].环境科学,42(11):5239-5249.

[39] 李应暹,卢宗盛,王丹,1997.辽河盆地陆相遗迹化石与沉积环境研究[M].北京:石油
工业出版社.

[40] 梁俊彦,蔡立哲,周细平,等,2008.深沪湾沙滩潮间带大型底栖动物群落及其次级生产
力[J].台湾海峡,27(4):466-471.

[41] 林承焰,姜在兴,董春梅,等,1993.黄河三角洲沉积环境和沉积模式[J].石油大学学报
(自然科学版),17(3):5-11.

[42] 刘国纬,2011.黄河下游治理的地学基础[J].中国科学:地球科学,41(10):1511-1523.

[43] 刘仲衡,吴锦秀,于永杰,等,1985.利用粒度资料浅析黄河三角洲潮坪沉积环境[J].山
东海洋学院学报,15(1):159-168.

[44] 龙云作,霍春兰,杨胜雄,1989.珠江三角洲现代沉积环境及沉积特征[J].海洋地质与
第四纪地质,9(4):15-27.

[45] 陆中臣,陈劭锋,陈浩,2000.黄河下游河床演变中的地貌临界[J].泥沙研究(6):1-5.

[46] 马道修,徐明广,周青伟,等,1988.珠江三角洲沉积相序[J].海洋地质与第四纪地质,8
(1):43-53.

[47] 牛永斌,钟建华,胡斌,2008.小尺度地质体三维建模研究:以遗迹化石 *Chondrites* 和岩
心三维建模为例[J].古地理学报,10(2):207-214.

[48] 牛永斌,崔胜利,胡亚洲,等,2018.塔河油田奥陶系生物扰动型储集层的三维重构及启
示意义[J].古地理学报,20(4):691-702.

[49] 牛永斌,齐永安,胡斌,等,2019.遗迹组构的精细分析功能及其应用:第15届国际遗迹
组构专题研讨会综述[J].古地理学报,21(5):767-782.

[50] 彭俊,陈沈良,李谷祺,2014.末次冰盛期后黄河三角洲潮滩沉积及其环境指示[J].海
洋地质与第四纪地质,34(2):19-26.

[51] 齐永安,胡斌,2001.塔里木盆地下志留统遗迹组构及其环境解释[J].古生物学报,40
(1):116-126.

[52] 钱宁,张仁,周志德,1987.河床演变学[M].北京:科学出版社.

[53] 屈乐,孙卫,杜环虹,等,2014.基于CT扫描的三维数字岩心孔隙结构表征方法及应
用:以莫北油田116井区三工河组为例[J].现代地质,28(1):190-196.

[54] 邵晓阳,尤仲杰,蔡如星,等,2001.浙江省海岛潮间带生态学研究 Ⅱ:数量组成与分布
[J].浙江海洋学院学报(自然科学版),20(4):279-286.

[55] 时硕,吉俊熹,王张华,2022.珠江三角洲全新世沉积物 C/N 和 $\delta^{13}$C 变化及对甘蔗种植
业的指示[J].第四纪研究,42(2):397-411.

[56] 宋慧波,于会新,王海邻,等,2014.杭州湾庵东浅滩现代沉积物中的生物遗迹[J].古地理学报,16(5):703-714.

[57] 王翠,王媛媛,胡斌,2021.黄河三角洲潮坪环境现代生物遗迹与物化条件的响应关系[J/OL].沉积学报.https://doi.org/10.14027/j.issn.1000-0550.2021.126.

[58] 王冠民,温志峰,马在平,2003.黄河下游边滩表面的鱼类遗迹[J].沉积学报,21(4):579-585.

[59] 王海邻,王长征,宋慧波,等,2017a.杭州湾庵东滨岸潮间带现代沉积物中的生物遗迹特征[J].沉积学报,35(4):714-729.

[60] 王海邻,胡斌,宋慧波,2017b.山东青岛和日照滨岸潮间带现代生物遗迹组成与分布特征[J].古地理学报,19(4):663-676.

[61] 王海邻,2018.我国东部沿海潮坪沉积中的现代生物遗迹研究[D].焦作:河南理工大学:1-173.

[62] 王慧中,1985.江浙一带现代海滩的生物扰动构造及其指相意义[J].地质科学,20(1):53-58.

[63] 王珊珊,2008.珠江三角洲和近岸河口海域现代沉积环境及晚更新世以来的环境演变[D].青岛:中国海洋大学.

[64] 王随继,2003.黄河下游河型的特性及成因探讨[J].地球学报,24(1):73-78.

[65] 王随继,2010.黄河下游辫状、弯曲和顺直河段间沉积动力特征比较[J].沉积学报,28(2):307-313.

[66] 王学芹,2019.黄河三角洲现代生物遗迹的组成与分布特征[D].焦作:河南理工大学.

[67] 王英国,2000.渤海湾西岸大石河河口湾遗迹生态学研究[J].古地理学报,2(1):54-63.

[68] 王媛媛,王学芹,胡斌,2019.黄河三角洲潮坪环境中现代生物遗迹组成与分布特征[J].沉积学报,37(6):1244-1257.

[69] 王媛媛,王翠,王学芹,等,2020.X射线计算机断层扫描技术在生物遗迹识别方面的应用[J].现代地质,34(6):1221-1229.

[70] 王约,1994.贵州独山中泥盆统碎屑岩地层的遗迹化石及其沉积环境[J].贵州地质,11(4):321-330.

[71] 王珍如,杨式溥,李福新,1988.青岛、北戴河现代潮间带底内动物及其遗迹[M].武汉:中国地质大学出版社:69-72.

[72] 王珍如,1994.北部湾潮间带造迹动物群及其遗迹[M].北京:地质出版社:23-62.

[73] 吴超羽,韦惺,2021.从溺谷湾到三角洲:现代珠江三角洲形成演变研究辨析[J].海洋学报,43(1):1-26.

[74] 吴贤涛,1986.痕迹学入门[M].北京:煤炭工业出版社:1-155.

[75] 项学敏,宋春霞,李彦生,等,2004.湿地植物芦苇和香蒲根际微生物特性研究[J].环境保护科学,30(4):35-38.

[76] 薛春汀,EISMA E,成国栋,等,1993.黄河三角洲下三角洲平原沉积环境[J].海洋地质

与第四纪地质,13(1):33-40.

[77] 叶淑红,王艳,万惠萍,等,2006.辽东湾湿地微生物量与土壤酶的研究[J].土壤通报,37(5):897-900.

[78] 殷宗军,朱茂炎,肖体乔,2009.同步辐射 X 射线相衬显微 CT 在古生物学中的应用[J].物理,38(7):504-510.

[79] 殷宗军,黎刚,朱茂炎,2014.两种微体化石三维无损成像技术的对比[J].微体古生物学报,31(4):440-452.

[80] 袁菲,何用,许劼婧,2022.近期珠江三角洲地形演变特征及趋势[J].泥沙研究,47(1):59-64.

[81] 袁萍,毕乃双,吴晓,等,2016.现代黄河三角洲表层沉积物的空间分布特征[J].海洋地质与第四纪地质,36(2):49-57.

[82] 袁兴中,陆健健,2002.长江口潮滩湿地大型底栖动物群落的生态学特征[J].长江流域资源与环境,11(5):414-420.

[83] 张白梅,2014.滦河三角洲现代生物遗迹的组成与分布特征[D].焦作:河南理工大学.

[84] 张光威,马道修,徐明广,等,1988.珠江口现代沉积物构造特征及其沉积环境[J].海洋地质与第四纪地质,8(3):71-83.

[85] 张国成,吴贤涛,1992.东濮盆地下第三系沙河街组湖泊沉积中的痕迹化石组合特征[J].焦作矿业学院学报,11(4):16-26.

[86] 张建平,薛叔浩,杨式溥,等,2000.新疆吐哈盆地侏罗纪湖相动物遗迹化石的发现及古环境意义[J].现代地质,14(3):373-378.

[87] 张立军,范若颖,2016.遗迹学的可持续发展:第 4 届国际遗迹学大会综述[J].古地理学报,18(5):717-720.

[88] 赵广明,叶青,薛春汀,等,2013.现代黄河三角洲陆上表层沉积物类型与沉积环境分区及岸线演变[J].海洋地质与第四纪地质,33(5):47-52.

[89] 赵焕庭,1982.珠江三角洲的形成和发展[J].海洋学报(中文版),4(5):595-607.

[90] 赵建鹏,崔利凯,陈惠,等,2020.基于 CT 扫描数字岩心的岩石微观结构定量表征方法[J].现代地质,34(6):1205-1213.

[91] 郑剑锋,陈永权,倪新锋,等,2016.基于 CT 成像技术的塔里木盆地寒武系白云岩储层微观表征[J].天然气地球科学,27(5):780-789.

[92] 郑莉,2007.黄河河口湿地大型底栖动物群落结构和多样性研究[D].泰安:山东农业大学:6-59.

[93] 钟建华,周瑶琪,1999.黄河三角洲平原上的泄气坑的发现[J].科学通报,44(11):1206-1208.

[94] 钟建华,宋冠先,倪良田,等,2019.黄河下游与黄河三角洲现代非地震变形层理的研究[J].沉积学报,37(2):239-253.

[95] 周丽清,姜在兴,林承焰,等,1991.黄河下游的河浪作用及波痕特征[J].石油大学学报(自然科学版),15(6):22-27.

［96］周青伟,马道修,徐明广,等,1987. X 射线照像在珠江三角洲现代沉积环境调查中的应用及其意义[J].海洋地质与第四纪地质,7(3):79-89.

［97］朱筱敏,2008.沉积岩石学[M].4 版.北京:石油工业出版社:53-54.

［98］朱筱敏,谈明轩,董艳蕾,等,2019.当今沉积学研究热点讨论:第 20 届国际沉积学大会评述[J].沉积学报,37(1):1-16.

［99］朱筱敏,董艳蕾,刘成林,等,2021.中国含油气盆地沉积研究主要科学问题与发展分析[J].地学前缘,28(1):1-11.

［100］邹贤菊,宋晓猛,刘翠善,等,2021.珠江三角洲地区汛期降水时空演变特征[J].水利水电技术,52(6):21-32.

［101］ABDEL-FATTAH Z A,2019. Morpho-sedimentary characteristics and generated primary sedimentary structures on the modern microtidal sandy coast of eastern Nile Delta,Egypt[J]. Journal of African earth sciences,150:355-378.

［102］ABLE K W,GRIMES C B,COOPER R A,et al.,1982. Burrow construction and behavior of tilefish,lopholatilus chamaeleonticeps,in Hudson submarine canyon[J]. Environmental biology of fishes,7(3):199-205.

［103］ALLER R C,YINGST J Y,1978. Biogeochemistry of tube-dwelling:a study of the sedimentary polychaete Amphitrite ornate (Leidy)[J]. Journal of marine research,36:201-254.

［104］ALONSO-ZARZA A M,GENISE J F,VERDE M,2014. Paleoenvironments and ichnotaxonomy of insect trace fossils in continental mudflat deposits of the Miocene Calatayud-Daroca Basin,Zaragoza,Spain[J]. Palaeogeography,palaeoclimatology,palaeoecology,414:342-351.

［105］ATKINSON R J A,1974. Behavioural ecology of the mud-burrowing crab goneplax rhomboides[J]. Marine biology,25(3):239-252.

［106］ATKINSON R J A,NASH R D M,1990. Some preliminary observations on the burrows of Callianassa subterranea(Montagu)(Decapoda:Thalassinidea)from the west coast of Scotland[J]. Journal of natural history,24(2):403-413.

［107］ATKINSON R J A,TAYLOR A C,2005. Aspects of the physiology,biology and ecology of thalassinidean shrimps in relation to their burrow environment ［J］. Oceanography and marine biology:an annual review,43:173-210.

［108］AYRANCI K,DASHTGARD S E,2013. Infaunal holothurian distributions and their traces in the Fraser River delta front and prodelta,British Columbia,Canada[J]. Palaeogeography,palaeoclimatology,palaeoecology,392:232-246.

［109］AYRANCI K,DASHTGARD S E,MACEACHERN J A,2014. A quantitative assessment of the neoichnology and biology of a delta front and prodelta,and implications for delta ichnology[J]. Palaeogeography,palaeoclimatology,palaeoecology,409:114-134.

［110］AYRANCI K,DASHTGARD S E,2016. Asymmetrical deltas below wave base:

insights from the Fraser River delta, Canada[J]. Sedimentology, 63(3):761-779.

[111] BANERJEE N R, SIMONETTI A, FURNES H, et al., 2007. Direct dating of Archean microbial ichnofossils[J]. Geology, 35(6):487-490.

[112] BANN K L, FIELDING C R, MACEACHERN J A, et al., 2004. Differentiation of estuarine and offshore marine deposits using integrated ichnology and sedimentology: permian pebbley beach formation, sydney basin, Australia[J]. Geological Society, London, Special Publications, 228(1):179-211.

[113] BARNES R S K, 1968. On the affinities of three fossil ocypodid crabs and their relevance to the time and place of origin of the genus Macrophthalmus (Crustacea: Brachyura)[J]. Journal of zoology, 154(3):333-339.

[114] BARRELL J, 1912. Criteria for the recognition of ancient delta deposits [J]. Geological Society of America Bulletin, 23(1):377-446.

[115] BASTARDIE F, CANNAVACCIUOLO M, CAPOWIEZ Y, et al., 2002. A new simulation for modelling the topology of earthworm burrow systems and their effects on macropore flow in experimental soils[J]. Biology and fertility of soils, 36 (2):161-169.

[116] BATES K T, MANNING P L, VILA B, et al., 2008. Three-dimensional modelling and analysis of dinosaur trackways[J]. Palaeontology, 51(4):999-1010.

[117] BAUCON A, 2008. Neoichnology of a microbial mat in a temperate, siliciclastic environment: spiaggia al bosco (Grado, Northern Adriatic, Italy)[J]. Actageology, 83:183-203.

[118] BEDNARZ M, MCILROY D, 2015. Organism-sediment interactions in shale-hydrocarbon reservoir facies: three-dimensional reconstruction of complex ichnofabric geometries and pore-networks[J]. International journal of coal geology, 150/151:238-251.

[119] BELAÚSTEGUI Z, MUIZ F, DOMÈNECH R, 2015. Ichnology of the lepe area (Huelva, Spain): comparison between modern and fossil ichnofabrics[C]//Nara M. Abstract Book of 13th International Ichnofabric Workshop. Kochi: Kochi University:48-49.

[120] BELLEY R, ARCHAMBAULT P, SUNDBY B, et al., 2010. Effects of hypoxia on benthic macrofauna and bioturbation in the estuary and gulf of St. Lawrence, Canada [J]. Continental shelf research, 30(12):1302-1313.

[121] BERKENBUSCH K, ROWDEN A A, 1999. Factors influencing sediment turnover by the burrowing ghost shrimp Callianassa filholi (Decapoda: Thalassinidea)[J]. Journal of experimental marine biology and ecology, 238(2):283-292.

[122] BERTNESS M D, MILLER T, 1984. The distribution and dynamics of Uca pugnax (Smith) burrows in a new England salt marsh[J]. Journal of experimental marine

biology and ecology,83(3):211-237.

[123] BERTNESS M D,1985. Fiddler crab regulation of spartina alterniflora production on a new England salt marsh[J]. Ecology,66(3):1042-1055.

[124] BJERSTEDT T W,1988. Multivariate analyses of trace fossil distribution from an early Mississippian oxygen-deficient basin, central appalachians [J]. Palaios, 3 (1):53.

[125] BOCKELIE T G,1973. A method of displaying sedimentary structures in micritic limestones[J]. SEPM journal of sedimentary research,43:537-539.

[126] BOCKELIE J F,1991. Ichnofabric mapping and interpretation of Jurassic reservoir rocks of the Norwegian north sea[J]. Palaios,6(3):206-215.

[127] BOESE B L,ALAYAN K E,GOOCH E F,et al.,2003. Desiccation index:a measure of damage caused by adverse aerial exposure on intertidal eelgrass (Zostera marina) in an Oregon (USA) estuary[J]. Aquatic botany,76(4):329-337.

[128] BOTTJER D J,DROSER M L,1991. Ichnofabric and basin analysis[J]. Palaios,6 (3):199-205.

[129] BOTTJER D J,2005. Geobiology and the fossil record:eukaryotes,microbes,and their interactions[J]. Palaeogeography,palaeoclimatology,palaeoecology,219(1/2): 5-21.

[130] BOUMA A H,1964. Sampling and treatment of unconsolidated sediments for study of internal structures[J]. SEPM journal of sedimentary research,34:349-354.

[131] BOYD C,MCILROY D,2016. Three-dimensional morphology and palaeobiology of the trace fossil Dactyloidites jordii nov. isp. from the Carboniferous of England[J]. Geobios,49(4):257-264.

[132] BOYD R,DALRYMPLE R,ZAITLIN B A,1992. Classification of clastic coastal depositional environments[J]. Sedimentary geology,80(3/4):139-150.

[133] BRAITHWAITE C J R, TALBOT M R, 1972. Crustacean burrows in the Seychelles,Indian Ocean[J]. Palaeogeography,palaeoclimatology,palaeoecology,11 (4):265-285.

[134] BRAKE S S, HASIOTIS S T, DANNELLY H K, et al., 2002. Eukaryotic stromatolite builders in acid mine drainage:implications for Precambrian iron formations and oxygenation of the atmosphere? [J]. Geology,30(7):599-602.

[135] BREITHAUPT B H,MATTHEWS N A,2001. Preserving paleontological resources using photogrammetry and geographic information systems[C]//Proceedings of the 11th Conference on Research and Resource Management in Parks and on Public Lands "From Crossing Boundaries in Park Management". Michigan:The George Wright Society Hancock:62-70.

[136] BREITHAUPT B H, MATTHEWS N A, NOBLE T A, 2004. An integrated

approach to three-dimensional data collection at dinosaur tracksites in the rocky mountain west[J]. Ichnos,11(1/2):11-26.

[137] BROMLEY R G, ASGAARD U, 1979. Triassic freshwater ichnocoenoses from carlsberg fjord, east Greenland [J]. Palaeogeography, palaeoclimatology, palaeoecology,28:39-80.

[138] BROMLEY R G, 1981. Enhancement of visibility of structures in marly chalk: modification of the Bushinsky oil technique[J]. Bulletin of the Geological Society of Denmark,29:111-118.

[139] BROMLEY R G, EKDALE A A, 1984. Chondrites: a trace fossil indicator of anoxia in sediments[J]. Science,224(4651):872-874.

[140] BROMLEY R G, EKDALE A A, 1986. Composite ichnofabrics and tiering of burrows[J]. Geological magazine,123(1):59-65.

[141] BROMLEY R G, 1990. Trace fossils: biology and taphonomy[M]. London: Unwin Hyman:280.

[142] BROMLEY R G, 1996. Trace fossils biology, taphonomy and applications[M]. 2nd. [S. l.]:Chapman and Hall:361.

[143] BROMLEY R G, 2003. Trace fossils from the Lower and Middle Jurassic marginal marine deposits of the Sorthat Formation, Bornholm, Denmark[J]. Bulletin of the Geological Society of Denmark,50:185-208.

[144] BUATOIS L A, 1995a. A new ichno species of Fuersichnus from the Cretaceous of Antarctica and its paleoecologic and stratigraphic implications[J]. Ichnos,3(4):259-263.

[145] BUATOIS L A, 1995b. Sedimentary dynamics and evolutionary history of a Late Carboniferous Gondwanic Lake in north-western Argentina[J]. Sedimentology,42(3):415-436.

[146] BUATOIS L A, MÁNGANO M G, 1993. Ecospace utilization, paleoenvironmental trends, and the evolution of early nonmarine biotas[J]. Geology,21(7):595.

[147] BUATOIS L A, MÁNGANO M G, MAPLES C G, et al., 1998a. Taxonomic reassessment of the ichnogenus beaconichnus and additional examples from the Carboniferous of Kansas,USA[J]. Ichnos,5(4):287-302.

[148] BUATOIS L A, MÁNGANO M G, 1998b. Trace fossil analysis of lacustrine facies and basins[J]. Palaeogeography, palaeoclimatology, palaeoecology,140(1/2/3/4):367-382.

[149] BUATOIS L A, MÁNGANO M G, 2002. Trace fossils from Carboniferous floodplain deposits in western Argentina: implications for ichnofacies models of continental environments [J]. Palaeogeography, palaeoclimatology, palaeoecology,183(1/2):71-86.

[150] BUATOIS L A, MÁNGANO M G, 2004. Animal-substrate interactions in freshwater environments: applications of ichnology in facies and sequence stratigraphic analysis of fluvio-lacustrine successions [J]. Geological Society, London, Special Publications, 228(1): 311-333.

[151] BUATOIS L A, 2005. Colonization of brackish-water systems through time: evidence from the trace-fossil record[J]. Palaios, 20(4): 321-347.

[152] BUATOIS L A, MÁNGANO M G, 2007. Invertebrate ichnology of continental freshwater environments[M]//Trace Fossils. Amsterdam: Elsevier: 285-323.

[153] BUATOIS L A, MACSOTAY O, QUIROZ L I, 2009. Sinusichnus, a trace fossil from Antarctica and Venezuela: expanding the dataset of crustacean burrows[J]. Lethaia, 42(4): 511-518.

[154] BUATOIS L A, MÁNGANO M G, 2011. Ichnology: organism-substrate interactions in space and time[M]. Cambridge: Cambridge University Press: 1-358.

[155] BUATOIS L A, GARCÍA-RAMOS J C, PIÑUELA L, et al., 2016. Rosselia socialis from the Ordovician of Asturias (northern Spain) and the early evolution of equilibrium behavior in polychaetes[J]. Ichnos, 23(1/2): 147-155.

[156] BUCKMAN J O, 1994. Archaeonassa Fenton and Fenton 1937 reviewed[J]. Ichnos, 3(3): 185-192.

[157] BURD B J, MACDONALD R W, JOHANNESSEN S C, et al., 2008. Responses of subtidal benthos of the Strait of Georgia, British Columbia, Canada to ambient sediment conditions and natural and anthropogenic depositions [J]. Marine environmental research, 66: 62-79.

[158] BURTON S K, LAPPIN-SCOTT H M, 2005. Geomicrobiology, the hidden depths of the biosphere[J]. Trends in microbiology, 13(9): 401.

[159] CANALE N, JOSE P J, CARMONA N B, 2015. Sedimentology and Ichnology of fluvio-dominated deltas affected by hyperpycnal discharges Lajas Formation (Middle Jurassic), Neuquen Basin[J]. Argentina andean geology, 42: 114-138.

[160] CAPOWIEZ Y, PIERRET A, MORAN C J, 2003. Characterisation of the three-dimensional structure of earthworm burrow systems using image analysis and mathematical morphology[J]. Biology and fertility of soils, 38(5): 301-310.

[161] CARMONA N B, BUATOIS L A, PONCE J J, et al., 2009. Ichnology and sedimentology of a tide-influenced delta, Lower Miocene Chenque Formation, Patagonia, Argentina: trace-fossil distribution and response to environmental stresses[J]. Palaeogeography, palaeoclimatology, palaeoecology, 273(1/2): 75-86.

[162] CARMONA N B, MÁNGANO M G, BUATOIS L A, et al., 2010. Taphonomy and paleoecology of the bivalve trace fossil Protovirgularia in deltaic heterolithic facies of the Miocene Chenque Formation, Patagonia, Argentina[J]. Journal of paleontology,

84(4):730-738.

[163] CHAKRABARTI A,1980. Burrow patterns of ghost crab ocypode ceratophthalma (Pallas) as possible indicators of foreshore slopes:abstract[J]. AAPG bulletin,64 (5):690-697.

[164] CHAKRABARTI A,1981. Burrow patterns of Ocypode ceratophthalma (Pallas) and their environmental significance[J]. Journal of paleontology,55:431-441.

[165] CHAKRABARTI A,DAS S,1983. Burrow patterns of Macrophthalmus telescopius (Owen) and their environmental significance[J]. Senckenbergiana maritima,15: 43-53.

[166] CHAMBERLAIN C K,1975. Recent lebensspuren in nonmarine aquatic environments [M]//Frey R W. The study of trace fossils:a synthesis of principles,problems and procedures in ichnology. NewYork:Springer-Verlag:431-458.

[167] CHI Z F,ZHU Y H,LI H,et al.,2021. Unraveling bacterial community structure and function and their links with natural salinity gradient in the Yellow River Delta [J]. Science of the total environment,773:145673.

[168] CHIRANANDA D,2000. Neoichnological activities of endobenthic invertebrates in downdrift coastal Ganges delta complex,India:their significance in trace fossil interpretations and paleoshoreline reconstructions[J]. Ichnos,7(2):89-113.

[169] CLARK G R ,RATCLIFFE B C,1989. Observations on the tunnel morphology of Heterocerus brunneus Melsheimer (Coleoptera:Heteroceridae) and its paleoecological significance[J]. Journal of paleontology,63(2):228-232.

[170] CLIFTON H E, THOMPSON J K,1978. Macaronichnus segregatis:a feeding structure of shallow marine polychaetes[J]. SEPM journal of sedimentary research, 48:1293-1302.

[171] COATES L,2001. Ichnological and Sedimentological Signature of Wave and River-Dominated Deltas, Dunvegan Formation and Basal Belly River Formation, West-Central Alberta (M. Sc. Thesis)[D]. Burnaby:Simon Fraser University:259.

[172] COATES L,MACEACHERN J A,1999. The ichnological signature of wave- and river-dominated deltas:Dunvegan and Basal Belly River formations, West-Central Alberta[C]//Digging Deeper, Findinga Better Bottom Line. Canadian Society of Petroleum Geologists and Petroleum Society,Core Conference:99-114.

[173] COUNTS J W, HASIOTIS S T,2009. Neoichnological experiments with masked chafer beetles (Coleoptera:Scarabaeidae):implications for backfilled continental trace fossils[J]. Palaios,24(2):74-91.

[174] CRIMES T P,HARPER J C,1977. Trace Fossils[M]. 2nd. Liverpool:See House Press.

[175] CRIMES T P, GOLDRING R, HOMEWOOD P, et al., 1981. Trace fossil

assemblages of deep-sea fan deposits, Grunigel and Schlieren flysch (Cretaceous-Eocene, Switzerland)[J]. Eclogae geologicae helvetiae, 74:953-995.

[176] CURRAN H A, FREY R W, 1977. Pleistocene trace fossils from North Carolina (USA), and their Holocene analogues[J]. Trace fossils, 2:162.

[177] CURRAN H A, WHITE B, 1991. Trace fossils of shallow subtidal to dunal ichnofacies in Bahamian Quaternary carbonates[J]. Palaios, 6:498-510.

[178] CURRAN H A, MARTIN A J, 2003. Complex decapod burrows and ecological relationships in modern and Pleistocene intertidal carbonate environments, San Salvador Island, Bahamas[J]. Palaeogeography, palaeoclimatology, palaeoecology, 192(1/2/3/4):229-245.

[179] CURRAN H A, SEIKE K, 2015. How many callianassid species are around San Salvador Island, Bahamas, and what are their burrow characteristics[C]//Abstract Book of 13th International Ichnofabric Workshop, Kochi:43-44.

[180] DAFOE L T, GINGRAS M K, PEMBERTON S G, 2008. Determining euzonus mucronata burrowing rates with application to ancient macaronichnus segregatis trace-makers[J]. Ichnos, 15(2):78-90.

[181] D'ALESSANDRO A, EKDALE A A, PICARD M D, 1987. Trace fossils in fluvial deposits of the Duchesne River Formation (Eocene), Uinta Basin, Utah[J]. Palaeogeography, palaeoclimatology, palaeoecology, 61:285-301.

[182] DANIEL I H, 2009. Neoichnology of burrowing millipedes: linking modern burrow morphology, organism behavior, and sediment properties to interpret continental ichnofossils[J]. Palaios, 24(7):425-439.

[183] DAS S S, RAO C N, 1992. Micro-burrows from the charmuria formation, Madhya pradesh, India[J]. Palaios, 7(5):548-552.

[184] DASHTGARD S E, GINGRAS M K, 2005. Facies architecture and ichnology of recent salt-marsh deposits: waterside marsh, new Brunswick, Canada[J]. Journal of sedimentary research, 75(4):596-607.

[185] DASHTGARD S E, GINGRAS M K, PEMBERTON S G, 2008. Grain-size controls on the occurrence of bioturbation[J]. Palaeogeography, palaeoclimatology, palaeoecology, 257(1/2):224-243.

[186] DASHTGARD S E, GINGRAS M K, MACEACHERN J A, 2009. Tidally modulated shorefaces[J]. Journal of sedimentary research, 79(11):793-807.

[187] DASHTGARD S E, 2011a. Linking invertebrate burrow distributions (neoichnology) to physicochemical stresses on a sandy tidal flat: implications for the rock record[J]. Sedimentology, 58(6):1303-1325.

[188] DASHTGARD S E, 2011b. Neoichnology of the lower delta plain: Fraser River Delta, British Columbia, Canada: implications for the ichnology of deltas[J].

Palaeogeography,palaeoclimatology,palaeoecology,307(1/2/3/4):98-108.

[189] DAVEY J T,1994. The architecture of the burrow of Nereis diversicolor and its quantification in relation to sediment-water exchange[J]. Journal of experimental marine biology and ecology,179(1):115-129.

[190] DAVIS R B,MINTER N J,BRADDY S J,2007. The neoichnology of terrestrial arthropods [J]. Palaeogeography, palaeoclimatology, palaeoecology, 255 (3/4): 284-307.

[191] DAVIS R A,2012. Tidal signatures and their preservation potential in stratigraphic sequencesprinciples of tidal sedimentology[M].[S. l. :s. n. ]:35-55.

[192] DAWSON J W,1862. On the footprints of Limulus as compared with Protichnites of the Potsdam sandstone[J]. Canadian naturalist and geologist,7:271-277.

[193] DE C,2000. Neoichnological activities of endobenthic invertebrates in downdrift coastal Ganges delta complex,India:their significance in trace fossil interpretations and paleoshoreline reconstructions[J]. Ichnos,7(2):89-113.

[194] DE C,2015. Burrowing and mud-mound building life habits of fiddler crab Uca lactea in the Bay of Bengal coast,India and their geological and geotechnical importance [J]. Palaeontologia electronica,18(2):1-22.

[195] DENTZIEN-DIAS P C,FIGUEIREDO A E Q,2015. Burrow architecture and burrowing dynamics of Ctenomys in foredunes and paleoenvironmental implications [J]. Palaeogeography,Palaeoclimatology,Palaeoecology,439:166-175.

[196] D'HONDT S,JØRGENSEN B B,MILLER D J, et al.,2004. Distributions of microbial activities in deep subseafloor sediments [J]. Science, 306 (5705): 2216-2221.

[197] DIERICK M,CNUDDE V,MASSCHAELE B, et al.,2007. Micro-CT of fossils preserved in amber[J]. Nuclear instruments and methods in physics research section A:accelerators,spectrometers,detectors and associated equipment,580(1):641-643.

[198] DINH Q,GIANG N,DUY N, et al.,2014. Burrow configuration and utilization of the blue-spotted mudskipper, Boleophthalmus boddarti caught in Soc Trang, Vietnam[J]. Kasetsart university fisheries research bulletin,38(2):1-9.

[199] DORADOR J,RODRÍGUEZ-TOVAR F J,2018. High-resolution image treatment in ichnological core analysis:initial steps, advances and prospects[J]. Earth-science reviews,177:226-237.

[200] DÖRJES J,1978. Sedimentologische und faunistische Untersuchungen an Watten in Taiwan Ⅱ Fsunistische un aktuopaläontologische Studien [J]. Senckenbergiana maritima,10:117-143.

[201] DRIESE S G,FOREMAN J L,1991. Traces and related chemical changes in a Late Ordovician paleosol, Glossifungites ichnofacies, southern Appalachians, USA [J].

Ichnos,1(3):207-219.

[202] DROSER M L,BOTTJER D J,1986. A semiquantitative field classification of ichnofabric[J]. Journal of sedimentary research,56(4):558-559.

[203] DUFOUR S C,DESROSIERS G,LONG B, et al.,2005. A new method for three-dimensional visualization and quantification of biogenic structures in aquatic sediments using axial tomodensitometry[J]. Limnology and oceanography:methods, 3(8):372-380.

[204] DWORSCHAK P C,1987a. Burrows of Mediterranean Decapoda[J]. Investigación pesquera,barcelona,51(5):264-268.

[205] DWORSCHAK P C,1987b. Feeding behavior of Upogebia pusilla and Callianassa tyrrhena (Crustacea, Decapoda, Thalassinidea)[J]. Investigationes pesqueras, 51 (Sl):421-429.

[206] DWORSCHAK P C,OTT J A,1993. Decapod burrows in mangrove-channel and back-reef environments at the Atlantic barrier reef,Belize[J]. Ichnos,2(4):277-290.

[207] DWORSCHAK P C,RODRIGUES S D A,1997. A modern analogue for the trace fossil Gyrolithes:burrows of the thalassinidean shrimp Axianassa australis[J]. Lethaia,30(1):41-52.

[208] DWORSCHAK P C,1998. The role of tegumental glands in burrow construction by two Mediterranean callianassid shrimp[J]. Senckenbergiana maritima,28(4/5/6): 143-149.

[209] DWORSCHAK P C,2001. The burrows of callianassa tyrrhena (petagna 1792) (Decapoda:Thalassinidea)[J]. Marine ecology,22(1/2):155-166.

[210] DWORSCHAK P C,2002. The Vienna school of marine biology:a tribute to Jörg Ott[M]. Wien:[s. n.]:63-71.

[211] EDWARDS J M,FREY R W,1977. Substrate characteristics within a Holocene salt marsh,Sapelo Island,Georgia[J]. Senckenbergiana maritima,9(5/6):215-259.

[212] EHRLICH H L,2002. Geomicrobiology[M]. New York:Marcel Dekker:1-6.

[213] EKDALE A A,1980. Graphoglyptid burrows in modern deep-sea sediment[J]. Science,207(4428):304-306.

[214] EKDALE A A,BROMLEY R G,PEMBERTON S G,1984a. Classification of trace fossils[M]//Ichnology:the use of trace fossils in sedimentology and stratigraphy. [S. l.]:Society for Sedimentary Geology:12-28.

[215] EKDALE A A,MULLER L N,NOVAK M T,1984b. Quantitative ichnology of modern pelagic deposits in the abyssal Atlantic [J]. Palaeogeography, palaeoclimatology,palaeoecology,45(2):189-223.

[216] EKDALE A A,BROMLEY R G,2001. A day and a night in the life of a cleft-foot clam:Protovirgularia-Lockeia-Lophoctenium[J]. Lethaia,34(2):119-124.

[217] ELDERS C A,1975. Experimental approaches in neoichnology[M]//The Study of Trace Fossils. Berlin:Springer Berlin Heidelberg:513-536.

[218] ELLINGSEN K E,2002. Soft-sediment benthic biodiversity on the continental shelf in relation to environmental variability[J]. Marine ecology progress series,232: 15-27.

[219] ESSELINK P,ZWARTS L,1989. Seasonal trend in burrow depth and tidal variation in feeding activity of Nereis diversicolor[J]. Marine ecology progress series,56:243-254.

[220] FAN R Y,GONG Y M,UCHMAN A,2018. Topological analysis of graphoglyptid trace fossils,a study of macrobenthic solitary and collective animal behaviors in the deep-sea environment[J]. Paleobiology,44(2):306-325.

[221] FAN Y S,CHEN S L,ZHAO B,et al.,2018. Monitoring tidal flat dynamics affected by human activities along an eroded coast in the Yellow River Delta,China[J]. Environmental monitoring and assessment,190(7):396.

[222] FARROW G E, 1971. Back-reef and lagoonal environments of Aldabra Atoll distinguished by their crustacean burrows[C]//Zoological Society of London Symposium,28:455-500.

[223] FARROW G E,1975. Techniques for the study of fossil and recent traces[M]. [S. l. :s. n. ]:52-61.

[224] FAUCHALD K,JUMARS P A,1979. The diet of worms:a study of polychaete feeding guilds[R]. Oceanography and marine biology annual review.

[225] FENG X Q, CHEN Z Q, BOTTJER D J, et al., 2018. Additional records of ichnogenus Rhizocorallium from the Lower and Middle Triassic,South China: implications for biotic recovery after the end-Permian mass extinction[J]. GSA bulletin,130(7/8):1197-1215.

[226] FENTON C L, FENTON M A, 1937. Archaeonassa:Cambrian snail trails and burrows[J]. American midland naturalist,18(3):454-458.

[227] FIELDING C R,2010. Planform and facies variability in asymmetric deltas:facies analysis and depositional architecture of the turonian ferron sandstone in the western henry mountains, south-central Utah, USA[J]. Journal of sedimentary research,80(5):455-479.

[228] FILLION D,PICKERILL R,1990. Ichnology of the lower Ordovician bell island and wabana groups of eastern Newfoundland[J]. Palaeontographica Canadiana,7:1-119.

[229] FITZGERALD P G,BARRETT P J,1986. Skolithos in a Permian braided river deposit,southern Victoria Land,Antarctica[J]. Palaeogeography,palaeoclimatology, palaeoecology,52(3/4):237-247.

[230] FLEMMING B W,2000. A revised textural classification of gravel-free muddy

sediments on the basis of ternary diagrams[J]. Continental shelf research,20(10/11):1125-1137.

[231] FONSECA G,HUTCHINGS P,GALLUCCI F,2011. Meiobenthic communities of seagrass beds (Zostera capricorni) and unvegetated sediments along the coast of New South Wales,Australia[J]. Estuarine,coastal and shelf science,91(1):69-77.

[232] FORBES A T,1973. An unusual abbreviated larval life in the estuarine burrowing prawn Callianassa kraussi (Crustacea:Decapoda:Thalassinidea)[J]. Marine biology, 22(4):361-365.

[233] FRANCUS P,2001. Quantification of bioturbation in hemipelagic sediments via thin-section image analysis[J]. Journal of sedimentary research,71(3):501-507.

[234] FREY R W,1968. The lebensspuren of some common marine invertebrates near Beaufort,North Carolina:1,Pelecypod burrows[J]. Journal of paleontology,42: 570-574.

[235] FREY R W,1970. Environmental significance of recent marine lebensspuren near Beaufort,north Carolina[J]. Journal of paleontology,44:507-519.

[236] FREY R W,1971. Decapod burrows in Holocene barrier island beaches and washover fans Georgia [J]. Senckenbergiana maritim,3:53-77.

[237] FREY R W,HOWARD J D,1975. Endobenthic adaptations of juvenile thalassinidean shrimp[J]. Bulletin of the Geological Society of Denmark,24:283-297.

[238] FREY R W,BASAN P B,1978. Coastal salt marshes[M]//Coastal Sedimentary Environments. New York,NY:Springer US:101-169.

[239] FREY R W,CURRAN H A,PEMBERTON S G,1984. Trace making activities of crabs and their environmental significance:the ichnogenus psilonichnus [J]. Journal of paleontology,58(2):333-350.

[240] FREY R W,PEMBERTON S,1985. Biogenic structures in outcrops and cores I: approaches to ichnology[J]. Bulletin of Canadian petroleum geology,33:72-115.

[241] FREY R W,PEMBERTON S G,1986. Vertebrate lebensspuren in intertidal and supratidal environments,Holocene barrier islands[J]. Georgia senckenberg marit, 18:45-95.

[242] FREY R W,HOWARD J D,HONG J S,1987a. Prevalent lebensspuren on a modern macrotidal flat, Inchon, Korea: ethological and environmental significance [J]. Palaios,2(6):571-593.

[243] FREY R W, PEMBERTON S,1987b. The psilonichnus ichnocoenose, and its relationship to adjacent marine and nonmarine ichnocoenoses along the Georgia coast[J]. Bulletin of Canadian petroleum geology,35:333-357.

[244] FREY R W,HOWARD J D,DÖRJES J,1989. Coastal sediments and patterns of bioturbation, eastern Buzzards Bay, Massachusetts [J]. Journal of sedimentary

petrology,59(6):1022-1035.

[245] FU S P,WERNER F,BROSSMANN J,1994. Computed tomography:application in studying biogenic structures in sediment cores[J]. Palaios,9(1):116-119.

[246] FU Y B,2002. The fractal charecteristic's varity due to the different hydrodynamic condition in Huanghe delta[D]. Qingdao:Ocean University of China.

[247] FÜRSICH F T,1981. Invertebrate trace fossils from the Upper Jurassic of Portugal [J]. Comunicações do serviço geológico de portugal,67(2):153-168.

[248] GAGE J,2005. Deep-sea spiral fantasies[J]. Nature,434(7031):283-284.

[249] GAILLARD C,JAUTEE E,1987. The use of burrows to detect compaction and sliding in fine-grained sediments:an example from the Cretaceous of S. E. France [J]. Sedimentology,34(4):585-593.

[250] GAILLARD C,HANTZPERGUE P,VANNIER J,et al.,2005. Isopod trackways from the crayssac lagerstätte, Upper Jurassic, France[J]. Palaeontology, 48 (5): 947-962.

[251] GANI M R,BHATTACHARYA J P,MACEACHERN J A,2004. Using ichnology to determine the relative influence of waves, storms, tides, and rivers in deltaic DepositsExamples from Cretaceous western interior seaway [M]//Applied Ichnology. [S. l. ]:SEPM Society for Sedimentary Geology:49.

[252] GAO S M,LI Y F,AN F T,1989. The Development and Sedimentary Environment of Yellow River Delta[M]. Beijing:Science Press:274.

[253] GARRISON J R,HENK B,CREE R,2007. Neoichnology of the micro-tidal gulf coast of texas: implications for paleoenvironmental and paleoecological interpretations of the clastic rocks of the cretaceous western interior basin, USA [C]//SEPM Research Conference:Ichnological Applications in Sedimentological and Sequence Stratigraphic Problenms:1-6.

[254] GARTON M,MCILROY D,2006. Large thin slicing:a new method for the study of fabrics in lithified sediments [J]. Journal of sedimentary research, 76 (11): 1252-1256.

[255] GENISE J F,MANGANO M G,BUATOIS L A,et al.,2000. Insect trace fossil associations in paleosols:the coprinisphaera ichnofacies[J]. Palaios,15(1):49-64.

[256] GENISE J F,BELLOSI E S,GONZALEZ M G,2004. An approach to the description and interpretation of ichnofabrics in paleosols[M]//The application of Ichnology to Palaeoenvironmental and Stratigraphic Analysis. London:Geological Society Special Publication,228:355-382.

[257] GENISE J F,MELCHOR R N,ARCHANGELSKY M,et al.,2009. Application of neoichnological studies to behavioural and taphonomic interpretation of fossil bird-like tracks from lacustrine settings:the Late Triassic-Early Jurassic? Santo Domingo

Formation, Argentina[J]. Palaeogeography, palaeoclimatology, palaeoecology, 272(3/4): 143-161.

[258] GENONI G P, 1991. Increased burrowing by fiddler crabs Uca rapax (Smith) (Decapoda:Ocypodidae) in response to low food supply[J]. Journal of experimental marine biology and ecology, 147(2):267-285.

[259] GILBERT G K, 1885. The topographic features of lake shores[R]. The Fifth Annual Report of United States Geological Survey:69-123.

[260] GILBERTSON A W, FITCH M W, BURKEN J G, et al., 2007. Transport and survival of GFP-tagged root-colonizing microbes:implications for rhizodegradation [J]. European journal of soil biology, 43(4):224-232.

[261] GINGRAS M K, MACEACHERN J A, PEMBERTON S G, 1998. A comparative analysis of the ichnology of wave-and river-dominated allomembers of the Upper Cretaceous Dunvegan Formation[J]. Bulletin of Canadian petroleum geology, 46: 51-73.

[262] GINGRAS M K, PEMBERTON S G, MENDOZA C A, et al., 1999a. Assessing the anisotropic permeability of glossifungites surfaces[J]. Petroleum geoscience, 5(4): 349-357.

[263] GINGRAS M K, PEMBERTON S G, SAUNDERS T, et al., 1999b. The ichnology of modern and Pleistocene brackish-water deposits at Willapa Bay, Washington: variability in estuarine settings[J]. Palaios, 14(4):352-374.

[264] GINGRAS M K, HUBBARD S M, PEMBERTON S G, et al., 2000a. The significance of Pleistocene psilonichnu. at Willapa Bay, Washington[J]. Palaios, 15(2):142-151.

[265] GINGRAS M K, PEMBERTON S G, SAUNDERS T, 2000b. Firmness profiles associated with tidal-creek deposits: the temporal significance of glossifungites assemblages[J]. Journal of sedimentary research, 70(5):1017-1025.

[266] GINGRAS M K, PEMBERTON S G, SAUNDERS T, 2001. Bathymetry, sediment texture, and substrate cohesiveness; their impact on modern Glossifungites trace assemblages at Willapa Bay, Washington[J]. Palaeogeography, palaeoclimatology, palaeoecology, 169(1/2):1-21.

[267] GINGRAS M K, PICKERILL R, PEMBERTON S G, 2002a. Resin cast of modern burrows provides analogs for composite trace fossils[J]. Palaios, 17(2):206-211.

[268] GINGRAS M K, RASANEN M, RANZI A, 2002b. The significance of bioturbated inclined heterolithic stratification in the southern part of the Miocene solimoes formation, Rio acre, Amazonia Brazil[J]. Palaios, 17(6):591-601.

[269] GINGRAS M K, MACMILLAN B, BALCOM B J, et al., 2002c. Using magnetic resonance imaging and petrographic techniques to understand the textural attributes and porosity distribution in macaronichnus-burrowed sandstone [J]. Journal of

sedimentary research,72(4):552-558.

[270] GINGRAS M K, MACEACHERN J A, PICKERILL R K, 2004a. Modern perspectives on the teredolites ichnofacies: observations from Willapa Bay, Washington[J]. Palaios,19(1):79-88.

[271] GINGRAS M K, MENDOZA C A, PEMBERTON S G, 2004b. Fossilized worm burrows influence the resource quality of porous media[J]. AAPG bulletin,88(7): 875-883.

[272] GINGRAS M K, BANN K L, 2006. The bend justifies the leans: interpreting recumbent ichnofabrics[J]. Journal of sedimentary research,76(3):483-492.

[273] GINGRAS M K, MACEACHERN J A, 2011a. Tidal ichnology of shallow-water clastic settings [M]//DAVIS R A, DALRYMPLE R W. Principles of Tidal Sedimentology. Dordrecht: Springer Netherlands:57-77.

[274] GINGRAS M K, MACEACHERN J A, DASHTGARD S E, 2011b. Process ichnology and the elucidation of physico-chemical stress[J]. Sedimentary geology, 237(3/4):115-134.

[275] GOLDRING R, 1995. Organisms and the substrate: response and effect [J]. Geological Society, London, Special Publications,83(1):151-180.

[276] GOLUBIC S, PERKINS R D, LUKAS K J, 1975. Boring microorganisms and microborings in carbonate substrates[M]//FREY R W. The study of trace fossils. Berlin:Springer:229-259.

[277] GONG Y M,XU R,XIE S C,et al.,2007. Microbial and molecular fossils from the Permian Zoophycos in South China[J]. Science in China series D:earth sciences,50 (8):1121-1127.

[278] GÖRRES J H,SAVIN M C,AMADOR J A,1997. Dynamics of carbon and nitrogen mineralization,microbial biomass,and nematode abundance within and outside the burrow walls of anecic earthworms (lumbricus terrestris)[J]. Soil science,162(9): 666-671.

[279] GRAHAM J R, POLLARD J E, 1982. Occurence of the trace fossil Beaconites antarcticus in the lower carboniferous fluviatile rocks of County Mayo,Ireland[J]. Palaeogeography,palaeoclimatology,palaeoecology,38(3/4):257-268.

[280] GRIBSHOLT B,KOSTKA J E,KRISTENSEN E,2003. Impact of fiddler crabs and plant roots on sediment biogeochemistry in a Georgia saltmarsh[J]. Marine ecology progress series,259:237-251.

[281] GRIFFIS R B, CHAVEZ F L, 1988. Effects of sediment type on burrows of Callianassa californiensis Dana and C. gigas Dana[J]. Journal of experimental marine biology and ecology,117(3):239-253.

[282] GRIFFIS R B,SUCHANEK T H,1991. A model of burrow architecture and trophic

modes in thalassinidean shrimp (Decapoda: Thalassinidea)[J]. Marine ecology progress series,79:171-183.

[283] GRUBE A E,SEMPER C,1878. Annulata semperiana: beiträge zur kenntniss der annelidenfauna der Philippinen nach den von Herrn Prof. Semper mitgebrachten Sammlungen / von Ed. Grube[M]. St. Pétersbourg: l'Académie Impériale des Sciences.

[284] HAMER J M M,SHELDON N D,2010. Neoichnology at lake margins:implications for paleo-lake systems[J]. Sedimentary geology,228(3/4):319-327.

[285] HAMMER Ø,1999. Computer-aided study of growth patterns in tabulate corals, exemplified by Catenipora heintzi from Ringerike,Oslo Region[J]. Norsk geologisk idsskrift,79(4):219-226.

[286] HAMMERSBURG S R,STEPHEN T,HASIOTIS S T,et al.,2018. Ichnotaxonomy of the Cambrian spence shale member of the langston formation, wellsville mountains,northern Utah,USA[J]. Paleontological contributions,20:1-16.

[287] HANKEN N M, BROMLEY R G, THOMSEN E, 2001. Trace fossils of the bivalvepanopea faujasi, pliocene,Rhodes,Greece[J]. Ichnos,8(2):117-130.

[288] HARPER D A T,1999. Numerical palaeobiology: computer-based modelling and analysis of fossils and their distributions[M]. Chichester:John Wiley & Sons:468.

[289] HASIOTIS S T, BOWN T M, 1992. Invertebrate trace fossils: the backbone of continental ichnology[J]. Short courses in paleontology,5:64-104.

[290] HASIOTIS S T, DUBIEL R F, 1993. Neoichnology and ecologicaltiering in continental settings:analogs for interpreting pangeanpaleoecology, paleohydrology, and paleoclimate[J]. Carboniferousto Jurassic-Pangea(2):133-138.

[291] HASIOTIS S T, 2002. Continental Trace Fossils[M]. [S. l.]:SEPM Society for Sedimentary Geology.

[292] HASIOTIS S T, 2004. Reconnaissance of Upper Jurassic Morrison Formation ichnofossils,Rocky Mountain Region,USA:paleoenvironmental, stratigraphic, and paleoclimatic significance of terrestrial and freshwater ichnocoenoses [J]. Sedimentary geology,167(3/4):177-268.

[293] HEMBREE D I, HASIOTIS S T, 2006. The identification and interpretation of reptile ichnofossils in paleosols through modern studies[J]. Journal of sedimentary research,76(3):575-588.

[294] HEMBREE D I, 2009. Neoichnology of burrowing millipedes: linking modern burrow morphology, organism behavior, and sediment properties to interpret continental ichnofossils[J]. Palaios,24(7):425-439.

[295] HENDRIX P F,1995. Earthworm ecology and biogeography in NorthAmerica[M]. [S. l.]:CRC Press.

[296] HENG M,LIM S,2007. Mangrove micro-habitat influence on bioturbative activities and burrow morphology of the fiddler crab, Uca annulipes ( H. Milne Edwards, 1837) (Decapoda,Ocypodidae)[J]. Crustaceana,80(1):31-45.

[297] HENMI Y,KANETO M,1989a. Reproductive ecology of three ocypodid crabs I. The influence of activity differences on reproductive traits[J]. Ecological research,4 (1):17-29.

[298] HENMI Y,1989b. Optical transmitter comprising an optical frequency discriminator, US [J]. Patent,8(4):235.

[299] HERTWECK G,1973. Lebensspuren einiger Bodenbewohner und Ichnofaziesbereiche[M]. Senckenbergiana maritima,5:179-197.

[300] HODGSON C A,GINGRAS M K,ZONNEVELD J P,2015. Spatial,temporal and palaeoecological significance of exhumed firmgrounds and other associated substrate types in Netarts Bay,Oregon,USA[J]. Lethaia,48(4):436-455.

[301] HOFMANN H J,1990. Computer simulation of trace fossils with random patterns, and the use of goniograms[J]. Ichnos,1(1):15-22.

[302] HOLLER P,KÖGLER F C,1990. Computer tomography: a nondestructive, high-resolution technique for investigation of sedimentary structures[J]. Marine geology, 91(3):263-266.

[303] HONEYCUTT C E,PLOTNICK R,2008. Image analysis techniques and gray-level co-occurrence matrices ( GLCM ) for calculating bioturbation indices and characterizing biogenic sedimentary structures[J]. Computers & geosciences, 34 (11):1461-1472.

[304] HOUSE C H,2007. Linking taxonomy with environmental geochemistry and why it matters to the field of geobiology[J]. Geobiology,5(1):1-3.

[305] HOVIKOSKI J,RASANEN M,GINGRAS M,et al.,2006. Miocene semidiurnal tidal rhythmites in madre de Dios,Peru:reply:reply[J]. Geology,34(1):102-106.

[306] HOWARD J D,1968. X-ray radiography for examination of burrowing in sediments by marine invertebrate organisms1[J]. Sedimentology,11(3/4):249-258.

[307] HOWARD J D,FREY R W,REINECK H E,1972. Georgia coastal region,Sapelo Island USA: sedimentology and biology I introduction [J]. Senckenbergiana maritima,4,3-14.

[308] HOWARD J D, FREY R W,1973. Characteristic physical and biogenic sedimentary structures in Georgia estuaries[J]. AAPG bulletin,57:1169-1184.

[309] HOWARD J D, FREY R W, 1975a. Regional animal-sediment characteristics of Georgia estuaries[J]. Senckenbergiana maritima,7:33-103.

[310] HOWARD J D, ELDERS C A, HEINBOKEL J F, 1975b. Animal-sediment relationships in estuarine point-bar deposits, Ogeechee River-Ossabaw Sound,

Georgia[J]. Senckenbergiana maritima,7:181-203.

[311] HOWARD J D,FREY R W,1984. Characteristic trace fossils in nearshore to offshore sequences,Upper Cretaceous of east-central Utah[J]. Canadian journal of earth sciences,21(2):200-219.

[312] HOWARD,ELDERS C A,1970. Burrowing pattern of haustoriid amphipods from Sapelo Island,Georgia[M]//CRIMES T P,HARPER J C. Trace Fossils. [S. l. :s. n. ]:243-262.

[313] HOWELL C D,BHATTACHARYA J P,MACEACHERN J A,2004. Estimates of sedimentation rates from sediment and faunal interactions within an ancient delta lobe,Wall Creek Member,Frontier Formation,Powder River Basin,Wyoming,USA ( abstract ) [ C ]//American Association of Petroleum Geologists, Annual Convention,Dallas,Abstract Volume:67.

[314] HUANG J Y, MARTÍNEZ-PÉREZ C, HU S X, et al., 2019. Middle Triassic conodont apparatus architecture revealed by synchrotron X-ray microtomography [J]. Palaeoworld,28(4):429-440.

[315] HUBERT J F,DUTCHER J A,2010. Scoyenia escape burrows in fluvial pebbly sand:upper Triassic sugarloaf arkose,Deerfield rift basin,Massachusetts,USA[J]. Ichnos,17(1):20-24.

[316] INGLE R W, 1966. An account of the burrowing behaviour of the amphipod Corophium arenarium Crawford ( Amphipoda: Corophiidae ) [ J ]. Annals and magazine of natural history,9(100/101/102):309-317.

[317] ISHIMATSU A,YOSHIDA Y,ITOKI N,et al.,2007. Mudskippers brood their eggs in air but submerge them for hatching[J]. The Journal of experimental biology,210 (22):3946-3954.

[318] JAYARAJ K A,JOSIA J,KUMAR P K D,2008. Infaunal macrobenthic community of soft bottom sediment in a tropical shelf[J]. Journal of coastal research,243: 708-718.

[319] JI H Y,PAN S Q,CHEN S L,2020. Impact of river discharge on hydrodynamics and sedimentary processes at Yellow River Delta[J]. Marine geology,425:106210.

[320] JOHNSON E W, BRIGGS D E G, SUTHREN R J, et al., 1994. Non-marine arthropod traces from the subaerial Ordovician borrowdale volcanic group,English lake district[J]. Geological magazine,131(3):395-406.

[321] JOHNSON S M,DASHTGARD S E,2014. Inclined heterolithic stratification in a mixed tidal-fluvial channel: Differentiating tidal versus fluvial controls on sedimentation[J]. Sedimentary geology,301:41-53.

[322] JOHNSTON P,2011. Cross-sectional imaging in comparative vertebrate morphology-the intracranial joint of the coelacanth latimeria chalumnae[M]//Computed Tomography-

Special Applications. [S. l. ]:InTech.

[323] KAKUWA Y,2004. Trace fossils from the Triassic-Jurassic deep water, oceanic radiolarian chert successions of Japan[J]. Fossils strata,51:58-67.

[324] KANAZAWA K,1992. Adaptation of test shape for burrowing and locomotion in spatagonoid echinoids[J]. Palaeontology,35:733-750.

[325] KEIGHLEY D G,PICKERILL R K,1996. Small Cruziana,rusophycus,and related ichnotaxa from eastern Canada: the nomenclatural debate and systematic ichnology [J]. Ichnos,4(4):261-285.

[326] KETCHAM R A, CARLSON W D, 2001. Acquisition, optimization and interpretation of X-ray computed tomographic imagery: applications to the geosciences[J]. Computers & geosciences,27(4):381-400.

[327] KIDWELL S M,MOORE J A,MOORE J R,1985. Inexpensive field technique for polyester resin peels of structures in unconsolidated sediments[J]. Marine geology, 64(3/4):351-359.

[328] KIM J Y, PICKERILL R, 2002. Cretaceous nonmarine trace fossils from the hasandong and Jinju formations of the namhae area, kyongsangnamdo, southeast Korea[J]. Ichnos,9(1/2):41-60.

[329] KNAUST D, 1998. Trace fossils and ichnofabrics on the Lower Muschelkalk carbonate ramp ( Triassic ) of Germany: tool for high-resolution sequence stratigraphy[J]. Geologische rundschau,87(1):21-31.

[330] KNAUST D, 2009. Characterisation of a Campanian deep-sea fan system in the Norwegian Sea by means of ichnofabrics[J]. Marine and petroleum geology,26(7): 1199-1211.

[331] KNAUST D,2012. Trace-fossil systematics[M]//Developments in sedimentology. Amsterdam:Elsevier:79-101.

[332] KNAUST D, 2013. The ichnogenus Rhizocorallium: Classification, trace makers, palaeoenvironments and evolution[J]. Earth-science reviews,126:1-47.

[333] KNAUST D,THOMAS R D K,CURRAN H A,2018. Skolithos linearis Haldeman, 1840 at its early Cambrian type locality, Chickies Rock, Pennsylvania: analysis and designation of a neotype[J]. Earth-science reviews,185:15-31.

[334] KNECHT R J,BENNER J S,ROGERS D C,et al.,2009. Surculichnus bifurcauda n. igen. ,n. isp. ,a trace fossil from Late Pleistocene glaciolacustrine varves of the Connecticut River Valley,USA,attributed to notostracan crustaceans based on neoichnological experimentation [J]. Palaeogeography,palaeoclimatology,palaeoecology,272(3/4):232-239.

[335] KOCH E W,2001. Beyond light:physical,geological,and geochemical parameters as possible submersed aquatic vegetation habitat requirements[J]. Estuaries,24(1): 1-17.

［336］ KOO B J,KWON K K,HYUN J H,2005. The sediment-water interface increment due to the complex burrows of macrofauna in a tidal flat[J]. Ocean science journal, 40(4):221-227.

［337］ KOO B J,KWON K K,HYUN J H,2007. Effect of environmental conditions on variation in the sediment-water interface created by complex macrofaunal burrows on a tidal flat[J]. Journal of sea research,58(4):302-312.

［338］ KORETSKY C M,MEILE C,VAN CAPPELLEN P,2002. Quantifying bioirrigation using ecological parameters:a stochastic approach[J]. Geochemical transactions,3: 17-30.

［339］ KOSTKA J E,GRIBSHOLT B,PETRIE E,et al.,2002. The rates and pathways of carbon oxidation in bioturbated saltmarsh sediments ［J］. Limnology and oceanography,47(1):230-240.

［340］ KOWALEWSKI M,2002. The fossil record of predation:an overview of analytical methods[J]. The paleontological society papers,8:3-42.

［341］ KOY K,PLOTNICK R E,2007. Theoretical and experimental ichnology of mobile foraging[M]//Trace Fossils. Amsterdam:Elsevier:428-441.

［342］ KRAUS M J,HASIOTIS S T,2006. Significance of different modes of rhizolith preservation to interpreting paleoenvironmental and paleohydrologic settings: examples from Paleogene paleosols,Bighorn basin,Wyoming,USA[J]. Journal of sedimentary research,76(4):633-646.

［343］ KUMAR A,2017. Recent biogenic traces from the coastal environments of the southern Red Sea coast of Saudi Arabia[J]. Arabian journal of geosciences,10(22): 1-11.

［344］ KURIHARA Y,HOSODA T,TAKEDA S,1989. Factors affecting the burrowing behaviour of Helice tridens ( Grapsidae ) and Macrophthalmus japonicus (Ocypodidae) in an estuary of northeast Japan[J]. Marine biology,101(2):153-157.

［345］ LA CROIX A D,DASHTGARD S E,2015a. A synthesis of depositional trends in intertidal and upper subtidal sediments across the tidal-fluvial transition in the Fraser River,Canada[J]. Journal of sedimentary research,85(6):683-698.

［346］ LA CROIX A D,DASHTGARD S E,GINGRAS M K,et al.,2015b. Bioturbation trends across the freshwater to brackish-water transition in rivers ［J］. Palaeogeography,palaeoclimatology,palaeoecology,440:66-77.

［347］ LA CROIX A D,DASHTGARD S E,MACEACHERN J A,2019. Using a modern analogue to interpret depositional position in ancient fluvial-tidal channels:example from the McMurray Formation,Canada[J]. Geoscience frontiers,10(6):2219-2238.

［348］ LARRY F B, HEDRICK J,1989. Submersible-deployed video sediment-profile camera system for benthic studies[J]. Journal of great lakes research,15(1):34-45.

[349] LAWFIELD A M W, PICKERILL R K, 2006. A novel contemporary fluvial ichnocoenose: unionid bivalves and the scoyenia-mermia ichnofacies transition[J]. Palaios, 21(4): 391-396.

[350] LEE S, SHI G R, PARK T S, et al., 2017. Virtual palaeontology: the effects of mineral composition and texture of fossil shell and hosting rock on the quality of X-ray microtomography (XMT) outcomes using Palaeozoic brachiopods [J]. Palaeontologia electronica: 20(2): 1-25.

[351] LEE S M, JUNG J, SHI G R, 2018. A three-dimensional geometric morphometric study of the development of sulcus versus shell outline in Permian neospiriferine brachiopods[J]. Lethaia, 51(1): 1-14.

[352] LESZCZYŃSKI S, SEILACHER A, 1991. Ichnocoenoses of a turbidite sole[J]. Ichnos, 1(4): 293-303.

[353] LETTLEY C D, PEMBERTON S G, GINGRAS M K, et al., 2007. Integrating sedimentology and ichnology to shed light on the system dynamics and paleogeography of an ancient riverine estuary[M]//Applied Ichnology. [S. l. ]: SEPM Society for Sedimentary Geology: 144-162.

[354] LI G X, WEI H L, YUE S H, et al., 1998. Sedimentation in the Yellow River delta, part II: suspended sediment dispersal and deposition on the subaqueous delta[J]. Marine geology, 149(1/2/3/4): 113-131.

[355] LI H Y, LIN F J, CHAN B K K, et al., 2008. Burrow morphology and dynamics of mudshrimp in Asian soft Shores[J]. Journal of zoology, 274(4): 301-311.

[356] LIM S, DIONG C, 2003. Burrow-morphological characters of the fiddler crab, uca annulipes (h. Milne Edwards, 1837) and ecological correlates in a lagoonal beach on pulau hantu, Singapore[J]. Crustaceana, 76(9): 1055-1069.

[357] LIU F Y, 1987. The Influence of Storm Surge on HuangheDelta and its General Rule [J]. Coastal engineering, 6(1): 79-83.

[358] LIU G W, 2010. Research on Characteristics of Land Subsidence and Storm Surge and the Environmental Effects in the Huanghe River Delta, China[D]. Beijing: Graduate School of Chinese Academy of Sciences.

[359] LOCKLEY M G, 1991. Tracking dinosaurs: a new look at an ancient world[M]. Cambridge: Cambridge University Press: 238.

[360] LOWEMARK L, SCHÄFER P, 2003. Ethological implications from a detailed X-ray radiograph and 14C study of the modern deep-sea Zoophycos[J]. Palaeogeography, palaeoclimatology, palaeoecology, 192(1/2/3/4): 101-121.

[361] LOWEMARK L, WERNER F, 2001. Dating errors in high-resolution stratigraphy: a detailed X-ray radiograph and AMS-14C study of Zoophycos burrows[J]. Marine geology, 177(3/4): 191-198.

［362］LUCAS F,BERTRU G,1997. Bacteriolysis in the gut of Nereis diversicolor (O. F. Müller) and effect of the diet［J］. Journal of experimental marine biology and ecology,215(2):235-245.

［363］LUO M,SHI G R,2017a. First record of the trace fossil Protovirgularia from the Middle Permian of southeastern Gondwana (southern Sydney Basin,Australia)［J］. Alcheringa:an Australasian journal of palaeontology,41(3):335-349.

［364］LUO M,SHI G R,LEE S M,et al.,2017b. A new trace fossil assemblage from the Middle Permian Broughton Formation, southern Sydney Basin ( southeastern Australia): Ichnology and palaeoenvironmental significance［J］. Palaeogeography, palaeoclimatology,palaeoecology,485:455-465.

［365］LUO M,GONG Y M,SHI G R,et al.,2018. Palaeoecological analysis of trace fossil sinusichnus sinuosus from the Middle Triassic Guanling formationin southwestern China［J］. Journal of earth science,29(4):854-863.

［366］MACALADY J, BANFIELD J F, 2003. Molecular geomicrobiology: genes and geochemical cycling［J］. Earth and planetary science letters,209(1/2):1-17.

［367］MACEACHERN J A,COATES L,2002. Ichnological differentiation of river- and wave-dominated deltas from strand plain shorefaces:Examples from the Cretaceous Western Interior Seaway, Alberta, Canada ( abstract ) ［C］//16th International Sedimentological Congress,Johannesburg,Abstracts Volume:233-235.

［368］MACEACHERN J A,BANN K L,BHATTACHARYA J P,et al.,2005. Ichnology of deltas:organism responses to the dynamic interplay of rivers,waves,storms,and tides［M］//River Deltas-Concepts, Models, and Examples［M］. ［S. l.］: SEPM Society for Sedimentary Geology:49-85.

［369］MACEACHERN J A, PEMBERTON S G, GINGRAS M K, et al., 2007a. The ichnofacies paradigm: a fifty-year retrospective［M］//Trace Fossils. Amsterdam: Elsevier:52-77.

［370］MACEACHERN J A,BANN K L,GINGRAS M K,et al.,2007b. Applied Ichnology ［M］.［S. l.］:SEPM Society for Sedimentary Geology,52:380.

［371］MANGANO M G,BUATOIS L A,MAPLES C G,et al.,1997. Tonganoxichnus a new insect trace from the Upper Carboniferous of eastern Kansas［J］. Lethaia,30 (2):113-125.

［372］MANGANO M G,BUATOIS L A,MAPLES C G,et al.,2000. A new ichno species ofNereitesfrom Carboniferous tidal-flat facies of eastern Kansas,USA:implications for theNereites-Neonereitesdebate［J］. Journal of paleontology,74(1):149-157.

［373］MANGANO M G,RINDSBERG A,2003. Carboniferous psammichnites:systematic re-evaluation,taphonomy and autecology［J］. Ichnos,9(1/2):1-22.

［374］MANGANO M G,BUATOIS L A,2004. Ichnology of Carboniferous tide-influenced environments and tidal flat variability in the North American Midcontinent[J]. Geological Society, London, Special Publications, 228(1):157-178.

[375] MARENCO K N, BOTTJER D J, 2010. The intersection grid technique for quantifying the extent of bioturbation on bedding planes[J]. Palaios, 25(7): 457-462.

[376] MARTIN A J, 1993. Semiquantitative and statistical analysis of bioturbate textures, sequatchie formation (Middle Ordovician), Georgia and Tennessee, USA[J]. Ichnos, 2(2):117-136.

[377] MARTIN A J, RINDSBERG A K, 2007. Arthropod tracemakers of nereites? neoichnological observations of juvenile limulids and their paleoichnological applications[M]//Trace Fossils. Amsterdam: Elsevier:478-491.

[378] MARTIN A J, 2009. Neoichnology of an Arctic fluvial point bar, North Slope, Alaska (USA)[J]. Geological quarterly, 53(4):383-396.

[379] MARTIN K D, 2004. A re-evaluation of the relationship between trace fossils and dysoxia[J]. Geological Society, London, Special Publications, 228(1):141-156.

[380] MAULIK P K, CHAUDHURI A K, 1983. Trace fossils from continental Triassic red beds of the Gondwana sequence, Pranhita-Godavari Valley, South India[J]. Palaeogeography, palaeoclimatology, palaeoecology, 41(1/2):17-34.

[381] MAYORAL E, 2014. Influence of Physicochemical Parameters on Burrowing Activities of the Fiddler Crab at the Huelva Coast (Southwest Spain): Palaeoichnological Implications[J]. Ichnos-an international journal for plant and animal traces, 21(3):147-157.

[382] MCCRAITH B J, GARDNER L R, WETHEY D S, et al., 2003. The effect of fiddler crab burrowing on sediment mixing and radionuclide profiles along a topographic gradient in a southeastern salt marsh[J]. Journal of marine research, 61(3): 359-390.

[383] MCILROY D, 2004. Ichnofabrics and sedimentary facies of a tide-dominated delta: Jurassic ile formation of kristin field, haltenbanken, offshore mid-Norway[J]. Geological Society, London, Special Publications, 228(1):237-272.

[384] MCILROY D, FLINT S, HOWELL J A, et al., 2005. Sedimentology of the tide-dominated Jurassic Lajas formation, neuquén basin, Argentina[J]. Geological Society, London, Special Publications, 252(1):83-107.

[385] MCILROY D, 2007. Lateral variability in shallowmarine ichnofabrics: implicationsfor the ichnofabric analysis method[J]. Journal of the geological society, 164:359-369.

[386] MCKEE M G, WILKES G L, COLBY R H, et al., 2004. Correlations of solution rheology with electrospun fiber formation of linear and branched polyesters[J]. Macromolecules, 37(5):1760-1767.

［387］ MCKILLUP S, DYAR M D, 2010. Geostatistics Explained［M］. Cambridge: Cambridge University Press.

［388］ MCLACHLAN A, BROWN A, 2006. The ecology of sandy shores［M］. 2nd. Burlington: Academic Press:373.

［389］ MCMANUS J, 1988. Grain size determination and interpretation［M］//Tucker M E. Techniques in sedimentology. Oxford: Blackwell Scientific:63-85.

［390］ MELCHOR R N, BEDATOU E, DE VALAIS S, et al., 2006. Lithofacies distribution of invertebrate and vertebrate trace-fossil assemblages in an Early Mesozoic ephemeral fluvio-lacustrine system from Argentina: implications for the Scoyenia ichnofacies［J］. Palaeogeography, palaeoclimatology, palaeoecology, 239 (3/4): 253-285.

［391］ MELCHOR R N, GENISE J F, FARINA J L, et al., 2010. Large striated burrows from fluvial deposits of the Neogene Vinchina Formation, La Rioja, Argentina: a crab origin suggested by neoichnology and sedimentology［J］. Palaeogeography, palaeoclimatology, palaeoecology, 291(3/4):400-418.

［392］ MELCHOR R N, CARDONATTO M C, VISCONTI G, 2012. Palaeonvironmental and palaeoecological significance of flamingo-like footprints in shallow-lacustrine rocks: an example from the Oligocene-Miocene Vinchina Formation, Argentina［J］. Palaeogeography, palaeoclimatology, palaeoecology, 315/316:181-198.

［393］ METZ R, 1993. A new species of spongeliomorpha from the late triassic of new jersey［J］. Ichnos, 2:259-262.

［394］ METZ R, 1995. Ichnologic study of the lockatong formation (late Triassic), Newark Basin, southeastern Pennsylvania［J］. Ichnos, 4(1):43-51.

［395］ MEYSMAN F J R, GALAKTIONOV O S, GRIBSHOLT B, et al., 2006. Bioirrigation in permeable sediments: Advective pore-water transport induced by burrow ventilation［J］. Limnology and oceanography, 51(1):142-156.

［396］ MIGEON S, WEBER O, FAUGERES J C, et al., 1998. SCOPIX: a new X-ray imaging system for core analysis［J］. Geo-marine letters, 18(3):251-255.

［397］ MIKULAS R, 2001. Modern and fossil traces in terrestrial lithic substrates［J］. Ichnos, 8(3/4):177-184.

［398］ MILLER D J, ERIKSSON K A, 1997. Late Mississippian prodeltaic rhythmites in the Appalachian Basin: a hierarchical record of tidal and climatic periodicities［J］. SEPM journal of sedimentary research, 67(4):653-660.

［399］ MILLER M F, 1991. Morphology and paleoenvironmental distribution of Paleozoic spirophyton and zoophycos: implications for the zoophycos ichnofacies［J］. Palaios, 6 (4):410-425.

［400］ MILLER M F, SMAIL S E, 1997. A semiquantitative field method for evaluating bioturbation on bedding planes[J]. Palaios,12(4):391.

[401] MILLER M F, 2000. Benthic aquatic ecosystems across the Permian-Triassic transition: record from biogenic structures in fluvial sandstones, central Transantarctic Mountains[J]. Journal of African earth sciences,31(1):157-164.

[402] MILLER W, 1993. Trace fossil zonation in Cretaceous turbidite facies, northern California[J]. Ichnos,3(1):11-28.

[403] MINTER N J,BRADDY S J,DAVIS R B,2007. Between a rock and a hard place: arthropod trackways and ichnotaxonomy[J]. Lethaia,40(4):365-375.

[404] MINTER N,BRADDY S,2009. Ichnology of an early Permian intertidal flat: the robledo mountains formation of southern new Mexico, USA[J]. Special papers in palaeontology,82:5-15.

[405] MOIOLA R J,WELTON J E,WAGNER J B,et al.,2004. Integrated analysis of the Upper Ferron deltaic complex, Southern Castle Valley, Utah[J]. AAPG studiesin geology,50:79-92.

[406] MOKHTARI M,SAVARI A,REZAI H,et al.,2008. Population ecology of fiddler crab,uca lactea annulipes (Decapoda:Ocypodidae) in sirik mangrove estuary, Iran [J]. Estuarine,coastal and shelf science,76(2):273-281.

[407] MONACO P,FAMIANI F,IACONA F L,2016. Bulldozing and resting traces of freshwater mussel Anodonta woodiana and substrate characteristics in lakemargin and river settings of Umbria,Italy[J]. Rivista italiana di paleontologia e stratigrafia, 122(1):67-76.

[408] MONTAGUE K E,WALTON A W,HASIOTIS S T,2010. Euendolithic microborings in basalt glass fragments in hyaloclastites:extending the ichnofabric index to microbioerosion[J]. Palaios,25(6):393-399.

[409] MORK A,BROMLEY R G,2008. Ichnology of a marine regressive systems tract: the Middle Triassic of Svalbard[J]. Polar research,27(3):339-359.

[410] MORRISSEY L B,BRADDY S J,2004. Terrestrial trace fossils from the Lower Old Red Sandstone,southwest Wales[J]. Geological journal,39(3/4):315-336.

[411] MOSLOW T F, PEMBERTON S G, 1988. An integrated approach to the sedimentological analysis of some Lower Cretaceous shoreface and delta front sandstone sequences[M]//JAMES D J, LECKIE D A. Sequences, stratigraphy, sedimentology:surface and subsurface. [S. l.]:Canadian Society of Petroleum Geologists Memoir:373-386.

[412] MÜLLER O F, 1776. Zoologiae Danicae prodromus, seu, Animalium Daniae et Norvegiae indigenarum characteres,nomina,et synonyma imprimis popularium[M]. Havniae:Typis Hallageriis.

[413] MUNIZ F, BELAUSTEGUI Z, CARCAMO C, et al., 2015. Cruziana-and

Rusophycus-like traces of recent Sparidae fish in the estuary of the Piedras River (Lepe,Huelva,SW Spain)[J]. Palaeogeography,palaeoclimatology,palaeoecology, 439:176-183.

[414] MYINT M,2001. Psilonichnus quietisisp. nov from the Eocene iwaki formation, shiramizu group,joban coal field,Japan[J]. Ichnos,8(1):1-14.

[415] NARA M,1997. High-resolution analytical method for event sedimentation using rosselia socialis[J]. Palaios,12(5):489.

[416] NASH R D M,CHAPMAN C J,ATKINSON R J A,et al.,1984. Observations on the burrows and burrowing behaviour of calocaris macandreae ( Crustacea: Decapoda:thalassinoidea)[J]. Journal of zoology,202(3):425-439.

[417] NATHORST A G, 1873. Om nagra förmodade växtfossilier: Öfversigt af Kgl Vetensk[J]. Akad förhandl,9:25-52.

[418] NATHORST A G,1881. Nouvelles observations sur les traces danimaux et autres phénomènes d'origine purement mécanique décrits comme Algues fossils [J]. Kongliga svenska vetenskaps-akademiens handlingar,21:1-58.

[419] NESBITT E A,CAMPBELL K A,2002. A new psilonichnus ichno species attributed to mud-shrimp upogebia in estuarine settings [J]. Journal of paleontology, 76 (5):892.

[420] NESBITT E A,CAMPBELL K A,2006. The paleoenvironmental significance of psilonichnus[J]. Palaios,21(2):187-196.

[421] NETTO R,GRANGEIRO M,2009. Neoichnology of the seaward side of peixe lagoon in mostardas,southernmost Brazil:the psilonichnus ichnocoenosis revisited [J]. Revista brasileira de paleontologia,12(3):211-224.

[422] NETTO R G, BENNER J S, BUATOIS L A,et al.,2012. Glacial environments [M]//KNAUST D,BROMLEY R G. Trace fossils as indicators of sedimentary environments:developments in sedimentology. [S. l. :s. n. ]:299-327.

[423] NICKELL L A, ATKINSON R, 1995. Functional morphology of burrows and trophic modes of three thalassinidean shrimp species,and a new approach to the classification of thalassinidean burrow morphology[J]. Marine ecology progress series,128:181-197.

[424] NIKAPITIYA C, KIM W S, PARK K, et al., 2014. Identification of potential markers and sensitive tissues for low or high salinity stress in an intertidal mud crab (Macrophthalmus japonicus)[J]. Fish & shellfish immunology,41(2):407-416.

[425] NOFFKE N,2005. Geobiology:a holistic scientific discipline[J]. Palaeogeography, palaeoclimatology,palaeoecology,219(1/2):1-3.

[426] O'BRIEN N R,PIETRASZEK-MATTNER S,1998. Origin of the fabric of laminated fine-grained glaciolacustrine deposits[J]. Journal of sedimentary research,68(5):

832-840.

[427] OBRTEL R,1968. Carabidae and staphylinidae occurring on soil surface in luzerne fields (coleoptera)[J]. Acta entomol,bohemoslov,65:5-20.

[428] OHSHIMA K,1967. Some burrowing crustaceans and shape of their burrows from the Usu Bay[M]. Hokkaido:Jubil Commem Publication:241-265.

[429] OLARIU C,BHATTACHARYA J P,XU X M,et al.,2005. Integrated study of ancient delta-front deposits, using outcrop, ground-penetrating radar, and three-dimensional photorealistic data:Cretaceous panther tongue sandstone, Utah, USA [M]//River Deltas-Concepts, Models, and Examples. [S. l.]:SEPM Society for Sedimentary Geology:155-177.

[430] OLIVERO E B,2011. Ichnology. Organism-Substrate Interactions in Space and Time [M]. Cambridge:Cambridge University Press.

[431] OLIVIER M,DESROSIERS G,CARON A,et al.,1995. Réponses comportementales des polychètes Nereis diversicolor et Nereis virens (sars) Aux stimuli d'ordre alimentaire:utilisation de la matière organique particulaire (algues et halophytes) [J]. Canadian journal of zoology,73(12):2307-2317.

[432] ORR P J,1999. Quantitative approaches to the resolution of taxonomic problems in invertebrate ichnology[M]//Numerical palaeobiology:computer-based modelling and analysis of fossils and their distributions. Chichester:John Wiley & Sons:95-431.

[433] OTANI S, KOZUKI Y, YAMANAKA R, et al., 2010. The role of crabs (Macrophthalmus japonicus) burrows on organic carbon cycle in estuarine tidal flat, Japan[J]. Estuarine,coastal and shelf science,86(3):434-440.

[434] OVER D J,1990. Trace metals in burrow walls and sediments,Georgia Bight,USA [J]. Ichnos,1(1):31-41.

[435] PARRY L A,BOGGIANI P C,CONDON D J,et al.,2017. Ichnological evidence for meiofaunal bilaterians from the terminal Ediacaran and earliest Cambrian of Brazil [J]. Nature ecology & evolution,1(10):1455-1464.

[436] PATTISON S A J, 1995. Sequence stratigraphic significance of sharp-based lowstand shoreface deposits, Kenilworth member, book cliffs, Utah[J]. AAPG bulletin,79:444-462.

[437] PAZ D M,RICHIANO S,VARELA A N,et al.,2020. Ichnological signatures from wave- and fluvial-dominated deltas:the La anita formation, Upper Cretaceous, austral-Magallanes Basin, Patagonia [J]. Marine and petroleum geology, 114:104168.

[438] PEARSON N J,GINGRAS M K,2006. An ichnological and sedimentological facies model for muddy point-bar deposits[J]. Journal of Sedimentary Research,76(5):

771-782.

[439] PECK L S,2002. Ecophysiology of Antarctic marine ectotherms:limits to life[J]. Polar biology,25(1):31-40.

[440] PEMBERTON S G,Frey R W,1982. Trace fossil nomenclature and the Planolites-Palaeophycus dilemma[J]. Journal of paleontology,56:843-881.

[441] PEMBERTON S G,FREY R W,1984. Quantitative methods in ichnology:spatial distribution among populations[J]. Lethaia,17(1):33-49.

[442] PEMBERTON S G, JONES B, 1988. Ichnology of the Pleistocene ironshore formation,grand cayman island,British west Indies[J]. Journal of paleontology,62:495-505.

[443] PEMBERTON S G, FREY R W, RANGER M J, et al., 1992a. The conceptual framework of ichnology[M]//Applications of Ichnology to Petroleum Exploration. [S. l. ]:SEPM Society for Sedimentary Geology:1-32.

[444] PEMBERTON S G, WIGHTMAN D M, 1992b. Ichnological characteristics of brackish water deposits[M]//Applications of Ichnology to Petroleum Exploration. [S. l. ]:SEPM Society for Sedimentary Geology:141-167.

[445] PEMBERTON S G,MACEACHERN J A,1997. The ichnological signature of storm deposits:the use of trace fossils in event stratigraphy[M]//Paleontological event horizons:ecological and evolutionary implications. [S. l. ]: Columbia University Press:73-109.

[446] PEMBERTON S G,GINGRAS M K,2005. Classification and characterizations of biogenically enhanced permeability[J]. AAPG bulletin,89(11):1493-1517.

[447] PEREZ K T,DAVEY E W,MOORE R H,et al.,1999. Application of computer-aided tomography (ct) to the study of estuarine benthic communities[J]. Ecological applications,9(3):1050-1058.

[448] PEREZ-RUZAFA A, MARCOS C, PÉREZ-RUZAFA I M, 2011. Mediterranean coastal lagoons in an ecosystem and aquatic resources management context[J]. Physics and Chemistry of the Earth,Parts A/B/C,36(5/6):160-166.

[449] PERVESLER P,DWORSCHAK P C,1985. Burrows of Jaxea nocturna Nardo in the gulf of Trieste[J]. Senckenbergiana maritima,17:33-53.

[450] PERVESLER P, UCHMAN A, 2009. A new Y-shaped trace fossil attributed to upogebiid crustaceans from early Pleistocene of Italy[J]. Acta Palaeontologica Polonica,54(1):135-142.

[451] PETTI F M,AVANZINI M,BELVEDERE M,et al.,2008. Digital 3D modelling of dinosaur footprints by photogrammetry and laser scanning techniques:integrated approach at the Coste dell'Anglone tracksite (Lower Jurassic, Southern Alps, Northern Italy)[M]//AVANZINI M,PETTI F M. Italian Ichnology. [S. l. :s. n. ]:

303-315.

[452] PLATT A, HORTON M, HUANG Y S, et al., 2010a. The scale of population structure in Arabidopsis thaliana[J]. PLos genetics,6(2):e1000843.

[453] PLATT B F, HASIOTIS S T, HIRMAS D R, 2010b. Use of low-cost multistripe laser triangulation (MLT) scanning technology for three-dimensional, quantitative paleoichnological and neoichnological studies[J]. Journal of sedimentary research,80 (7):590-610.

[454] POLLARD J E,1976. A problematic trace fossil from the Tor Bay Breccias of south Devon[J]. Proceedings of the geologists' association,87(1):105-108.

[455] POLLARD J E, GOLDRING R, BUCK S G, 1993. Ichnofabrics containing Ophiomorpha: significance in shallow-water facies interpretation[J]. Journal of the geological society,150(1):149-164.

[456] QIAO S Q, SHI X F, 2010. Status and prospect of studies on sedimentary characteristics and evolution of the Yellow River Delta[J]. Journal of advanced marine science and technology society,28,408-416.

[457] RAFFAELLI D, HAWKINS S, 1996. Intertidal Ecology[M]. Dordrecht: Springer Netherlands.

[458] RAHMAN I A, ADCOCK K, GARWOOD R J,2012. Virtual fossils:a new resource for science communication in paleontology[J]. Evolution:Education and Outreach,5 (4):635-641.

[459] RATCLIFFE B, FAGERSTROM J A,1980. Invertebrate lebensspuren of Holocene floodplains:their morphology, origin and paleoecological significance[J]. Journal of paleontology,54:614-630.

[460] RAYCHAUDHURI I,1994. Ichnology and sedimentology of the bow island/Viking formation,south-central Alberta[M]. [S. l.:s. n.].

[461] RAYCHAUDHURI I, PEMBERTON S G, 1992. Ichnologic and sedimentologic characteristics of open marine to storm dominated restricted marine settings within the Viking/bow Island formations, south-central Alberta [M]//Applications of Ichnology to Petroleum Exploration. [S. l.]: SEPM (Society for Sedimentary Geology):119-139.

[462] REED S J B,2010. Electron microprobe analysis and scanning electron microscopy in geology[M]. Cambridge:Cambridge University Press:212.

[463] REEVES H M, HODGES E R S,1991. The guild handbook of scientific illustration [J]. The journal of wildlife management,55(1):199.

[464] REINECK H E,1967a. Layered sediments of tidal flats,beaches,and shelf bottoms of the North Sea[M]//Lauff G H. Estuaries. [S. l.]:American association for the advancement of science publication:191-206.

［465］REINECK H E,1967b. Parameter von schichtung und bioturbation[J]. Geologische rundschau,56(1):420-438.

［466］REINECK H E,1968. Sedimentgefuge im Golf von Neapel:Stazione zoological di Neapel[M].[S. l. :s. n. ]:112-134.

［467］REINECK H E, YING MIN, CHENG, 1978. Sedimentologische und faunistische Untersuchungen an Watten in Taiwan ［J］. Aktuogeologische untersuchungen senckenbergiana maritima,10:85-115.

［468］REISE K,1979. Moderate predation on meiofauna by the macrobenthos of the wadden sea［J］. Helgoländer wissenschaftliche meeresuntersuchungen, 32（4）: 453-465.

［469］REMANE A,SCHLIEPER C,1971. Biology of brackish water[M]. 2nd. New York: Wiley:372.

［470］RETALLACK G J, 2001. Scoyenia burrows from Ordovician palaeosols of the Juniata formation in Pennsylvania[J]. Palaeontology,44(2):209-235.

［471］REYNOLDS R,MCILROY D,2017. Three-dimensional morphological analysis of a Parahaentzschelinia-like trace fossil[J]. Papers in palaeontology,3(2):241-258.

［472］RHOADS D C, 1967. Biogenic reworking of intertidal and subtidal sediments in Barnstable harbor and Buzzards Bay, Massachusetts[J]. The journal of geology,75 (4):461-476.

［473］RHOADS D C, CANDE S, 1971. Sediment profile camera for in situ study of organism-sediment relations1[J]. Limnology and oceanography,16(1):110-114.

［474］RICE A L, CHAPMAN C J, 1971. Observations on the burrows and burrowing behaviour of two mud-dwelling decapod crustaceans, Nephrops norvegicus and Goneplax rhomboides[J]. Marine biology,10(4):330-342.

［475］RICHTER R, 1920. Flachseebeobachtungen I: ein devonischer pfeifenquarzit verglichen mit der heutigen sandkoralle (Sabellaria,Ann. )[J]. Senckenbergiana(2): 215-235.

［476］RINGROSE P,NORDAHL K,WEN R J,2005. Vertical permeability estimation in heterolithic tidal deltaic sandstones[J]. Petroleum geoscience,11(1):29-36.

［477］RISK M J,SZCZUCZKO R B,1977. A method for staining trace fossils[J]. SEPM journal of sedimentary research,47:855-859.

［478］RODRÍGUEZ-TOVAR F J, MAYORAL E, SANTOS A, 2014a. Influence of physicochemical parameters on burrowing activities of the fiddler crab uca tangeri at the Huelva coast (southwest Spain):palaeoichnological implications[J]. Ichnos,21 (3):147-157.

［479］RODRIGUEZ-TOVAR F J, SEIKE K, ALLEN CURRAN H, 2014b. Characteristics, distribution patterns,and implications for ichnology of modern burrows of uca (leptuca) speciosa,San Salvador Island,Bahamas[J]. Journal of crustacean biology,34(5):565-572.

[480] RODRÍGUEZ-TOVAR F J,DORADOR J,MENA A,et al.,2018. Lateral variability of ichnofabrics in marine cores: improving sedimentary basin analysis using Computed Tomography images and high-resolution digital treatment[J]. Marine geology,397:72-78.

[481] RONA P A,SEILACHER A,DE VARGAS C,et al.,2009. Paleodictyon nodosum:a living fossil on the deep-sea floor[J]. Deep sea research part II:topical studies in oceanography,56(19/20):1700-1712.

[482] RONAN T E,MILLER M F,FARMER J D,1981. Organism-sediment relationships on a modern tidal, Bodega Harbor, California[C]//Modern and ancient biogenic structures, Bodegabay, California: Annual Meeting Pacific Section SEPM, Los Angeles:1531.

[483] ROSENBERG R,GRÉMARE A,DUCHÊNE J C,et al.,2008. 3D visualization and quantification of marine benthic biogenic structures and particle transport utilizing computer-aided tomography[J]. Marine ecology progress series,363:171-182.

[484] ROY K,MARTIEN K K,2001. Latitudinal distribution of body size in north-eastern Pacific marine bivalves[J]. Journal of biogeography,28(4):485-493.

[485] SAKAI T,1939. Studies on the crabs of Japan:Brachygnatha,Brachyrhyncha[M]. [S. l. :s. n. ]:365-741.

[486] SALIMULLAH A R M,STOW D A V,1995. Ichnofacies recognition in turbidites/hemiturbidites using enhanced FMS images:examples from ODP Leg[J]. The log analyst,36:38-49.

[487] SALTER J W,1857. On annelide-burrows and surface-markings from the Cambrian rocks of the longmynd[J]. Quarterly journal of the geological society,13(1/2):199-206.

[488] SARKAR S,CHAUDHURI A K,1992. Trace fossils in Middle to Late Triassic fluvial edbeds, Pranhita-Godavari valley, south India. Ichnos,2:7-19.

[489] SAVAZZI E,2011. Digital Photography for Science,Close-up Photography,Macrophotography and Photomacrophotography[M]. [S. l. :s. n. ]:698.

[490] SAVRDA C E,BOTTJER D J,1987. The exaerobic zone, a new oxygen-deficient marine biofacies[J]. Nature,327(6117):54-56.

[491] SAVRDA C E, BOTTJER D J, 1989. Trace-fossil model for reconstructing oxygenation histories of ancient marine bottom waters:application to Upper Cretaceous Niobrara formation,Colorado[J]. Palaeogeography, palaeoclimatology, palaeoecology,74(1/2):49-74.

[492] SAVRDA C E,1995. Ichnologic applications in paleoceanographic,paleoclimatic,and sealevel studies[J]. Palaios,10:565-577.

[493] SAVRDA C E,2002. Equilibrium responses reflected in a large conichnus (Upper Cretaceous eutaw formation,Alabama,USA)[J]. Ichnos,9(1/2):33-40.

[494] SAVRDA C E,2007. Trace fossils and benthic oxygenation. [M]//Trace fossils: concepts,problems,prospects. Amsterdam:Elsevier:149-158.

[495] SAVRDA C E,2019. Bioerosion of a modern bedrock stream bed by insect larvae (Conecuh River,Alabama):implications for ichnotaxonomy,continental ichnofacies, and biogeomorphology[J]. Palaeogeography,palaeoclimatology,palaeoecology,513: 3-13.

[496] SCAPS P,2002. A review of the biology,ecology and potential use of the common ragworm Hediste diversicolor ( O. F. Müller ) ( Annelida: Polychaeta ) [ J ]. Hydrobiologia,470:203-218.

[497] SCHAFER W, 1956. Wirkungen der Benthos-Organismen aufden jungen Schichtverband. [J]. Senckenbergiana lethaea,37:183-263.

[498] SCHAFER W, 1962. Actuo-paläontologie nach studien in der nordsee: waldemar kramer,frankfurt am main[S. l. :s. n. ]:666.

[499] SCHIEBER J,2003. Simple gifts and buried treasures: implications of finding bioturbation and erosion surfaces in black shales[J]. The sedimentary record,1(2): 4-8.

[500] SCHIFFBAUER J D,YANES Y,TYLER C L,et al.,2008. The microstructural record of predation:a new approach for identifying predatory drill holes[J]. Palaios, 23(12):810-820.

[501] SCHLIRF M,UCHMAN A,KÜMMEL M,2001. Upper Triassic (Keuper) non-marine trace fossils from the Ha？ berge area (Franconia,south-eastern Germany) [J]. Palz,75(1):71-96.

[502] SCHLIRF M,UCHMAN A,2005. Revision of the ichnogenus sabellarifex Richter, 1921 and its relationship to skolithos haldeman,1840 and polykladichnus fürsich, 1981[J]. Journal of systematic palaeontology,3(2):115-131.

[503] SCOTT M,GINGRAS M K,1987. Using ichnological relationships to interpret heterolithic fabrics in fluvio-tidal settings[J]. Sedimentology,67(2):1069-1083.

[504] SCOTT P J B,REISWIG H M,MARCOTTE B M,1988. Ecology,functional morphology,behaviour,and feeding in coral- and sponge-boring species of Upogebia (Crustacea: Decapoda: Thalassinidea) [J]. Canadian journal of zoology, 66 (2): 483-495.

[505] SCOTT J J,2007. Biogenic activity, trace formation, and trace taphonomy in the marginal sediments of saline,alkaline,Lake Bogoria,Kenya Rift Valley[J]. SEPM Special Publications,88:311-332.

[506] SEIKE K,2007a. Palaeoenvironmental and palaeogeographical implications of

modern Macaronichnus segregatis-like traces in foreshore sediments on the Pacific coast of central Japan[J]. Palaeogeography, palaeoclimatology, palaeoecology, 252 (3/4):497-502.

[507] SEIKE K,NARA M,2007b. Occurrence of bioglyphs on Ocypode crab burrows in a modern sandy beach and its palaeoenvironmental implications[J]. Palaeogeography, palaeoclimatology,palaeoecology,252(3/4):458-463.

[508] SEIKE K,2008. Burrowing behaviour inferred from feeding traces of the opheliid polychaete Euzonus sp. as response to beach morphodynamics[J]. Marine biology, 153(6):1199-1206.

[509] SEIKE K,2009. Influence of beach morphodynamics on the distributions of the opheliid polychaete euzonus sp. and its feeding burrows on a sandy beach: paleoecological and paleoenvironmental implications for the trace fossil macaronichnus segregatis[J]. Palaios,24(12):799-808.

[510] SEIKE K,YANAGISHIMA S I,NARA M,et al.,2011. Large Macaronichnus in modern shoreface sediments:identification of the producer,the mode of formation, and paleoenvironmental implications [ J ]. Palaeogeography, palaeoclimatology, palaeoecology,311(3/4):224-229.

[511] SEIKE K,JENKINS R G,WATANABE H,et al.,2012. Novel use of burrow casting as a research tool in deep-sea ecology[J]. Biology letters,8(4):648-651.

[512] SEIKE K,CURRAN A,2014. Burrow morphology of the land crab Gecarcinus lateralis and the ghost crab Ocypode quadrata on San Salvador Island, The Bahamas:comparisons and palaeoenvironmental implications[J]. Spanish journal of palaeontology,29(1):61-70.

[513] SEILACHER A,1951. Der Röhrenbau von Lanice conchilega(Polychaeta) Ein Beitrag zur Eeutung fossiler Lebensspuren [J]. Senckenbergiana maritima, 32: 267-280.

[514] SEILACHER A, 1953a. Studien zur palichnologie I: über die methoden der palichnologie[J]. Geologie paläontologie,96:421-452.

[515] SEILACHER A, 1953b. Studien zur palichnologie II: die fossilen Ruhespuren (Cubichnia)[J]. Geologie paläontologie,98:87-124.

[516] SEILACHER A,1954. Geological relevance of fossil tracks of life[J]. Zeitschrift der deutschen geologischen gesellschaft,105(2):214-227.

[517] SEILACHER A,1964. Biogenic sedimentary structures[M]//IMBRIE J,NEWELL N D. Approaches to paleoecology. New York:John Wiley:296-316.

[518] SEILACHER A, 1967. Bathymetry of trace fossils[J]. Marine geology,5(5/6): 413-428.

[519] SEILACHER A, 2008. Fossil art. an exhibition of the geologisches institut

tuebingen university germany[M]. Laasby:CBM-Publishing:97.

[520] SHCHEPETKINA A,GINGRAS M K,PEMBERTON S G,2016. Sedimentology and ichnology of the fluvial reach to inner estuary of the Ogeechee River estuary, Georgia,USA[J]. Sedimentary geology,342:202-217.

[521] SHEN C J,1932. The Brachyuran Crustacea of North China[J]. Zoologia sinica, peiping,9(1):301-320.

[522] SHEN C J,1937. On some account of the crabs of North China[J]. Bulletin of the fan memorial institute of biology (zoology),7(5):167-185.

[523] SHEN C J,1940. On the collection of Crabs of South China[J]. Bulletin of the fan memorial institute of biology (zoology),10(2):69-104.

[524] SHIELDS A,1936. Anwendung der Ähnlichkeitsmechanik und der Turbulenzforschung auf die Geschiebebewegung[R]. Berlin:Mitteilungender Preussichen Versuchsanstalt für Wasserbau-,Erd- und Schiffbau:26.

[525] SHINN E A,1968. Burrowing in Recent limesediments of Florida and the Bahamas [J]. Paleontol,42:879-894.

[526] SIGGERUD E I H,STEEL R J,1999. Architecture and trace-fossil characteristics of a 10,000-20,000 year,fluvial-to-marine sequence,SE Ebro Basin,Spain[J]. Journal of sedimentary research,69(2):365-383.

[527] SINGH B P,BHARGAVA O N,CHAUBEY R S,et al.,2015. Early Cambrian trail Archaeonassa from the Sankholi Formation (Tal Group),Nigali Dhar syncline (Sirmur district),Himachal Pradesh[J]. Journal of the Geological Society of India, 85(6):717-721.

[528] SISULAK C F,DASHTGARD S E,2012. Seasonal controls on the development and character of inclined heterolithic stratification in a tide-influenced, fluvially dominated channel:Fraser river,Canada[J]. Journal of sedimentary research,82(4): 244-257.

[529] SKIPPER J A,WARD D J,JOHNSON R,1998. A rapid,lightweight sediment peel technique using polyurethane foam[J]. Journal of sedimentary research, 68(3): 516-517.

[530] SMITH J J,HASIOTIS S T,2008. Traces and burrowing behaviors of the cicada nymph Cicadetta calliope:Neoichnology and paleoecological significance of extant soil-dwelling insects[J]. Palaios,23(8):503-513.

[531] SMITH N F,WILCOX C,LESSMANN J M,2009. Fiddler crab burrowing affects growth and production of the white mangrove (Laguncularia racemosa) in a restored Florida coastal marsh[J]. Marine biology,156(11):2255-2266.

[532] SMITH R M H,MASON T R,WARD J D,1993. Flash-flood sediments and ichnofacies of the late Pleistocene homeb silts, kuiseb river, Namibia [J].

Sedimentary geology,85(1/2/3/4):579-599.

[533] SOEGAARD K,MACEACHERN J A,2003. Integrated sedimentological,ichnological and sequence stratigraphic model of a coarse clastic fan delta reservoir:Middle Jurassic Oseberg Formation, North Sea, Norway (abstract)[C]//American Association of Petroleum Geologists,Annual Convention,Salt Lake City,Abstract Volume:160.

[534] SOLLAS I B J,SOLLAS W J,1913. A study of the skull of a Dicynodon by means of serial sections[J]. Philosophical Transactions of the Royal Society of London,157: 173-186.

[535] SPAARGAREN D H,1979a. A comparison of the composition of physiological saline solutions with that of calculated pre-Cambrian seawater[J]. Comparative biochemistry and physiology part A:physiology,63(2):319-323.

[536] SPAARGAREN D H,1979b. Marine and brackish-water animals[M]//Comparative physiology of osmoregulation in animals. Edinburgh:Academic Press:83-116.

[537] SPILA M V, PEMBERTON S G, ROSTRON B, et al., 2007. Biogenic textural heterogeneity,fluid flow and hydrocarbon ProductionBioturbated facies Ben Nevis formation,Hibernia field,offshore newfoundland[M]//Applied Ichnology. [S. l.]: SEPM Society for Sedimentary Geology:363-380.

[538] STANISTREET I G, SMITH G L, CADLE A B, 1980. Trace fossils as sedimentological and palaeoenvironmental indices in the Ecca Group [C]// Transactions Geological Society of South Africa. Lower Permian of the Transvaal, Karoo Basin Symposium:333-344.

[539] STANLEY T M, FELDMANN R M,1998. Significance of nearshore trace-fossil assemblages of the Cambro-Ordovician Deadwood Formation and Aladdin Sandstone,South Dakota[J]. Annals of the Carnegie Museum,67(1):1-51.

[540] STIDHAM T A,MASON J,2009. A quick method for collecting modernsmall-scale ichnological and sedimentological structures[J]. Paleontol tech,4:1-4.

[541] STOCKDALE A, DAVISON W, ZHANG H, 2009. Micro-scale biogeochemical heterogeneity in sediments:a review of available technology and observed evidence [J]. Earth-science reviews,92(1/2):81-97.

[542] ST-ONGE G, MULDER T, FRANCUS P, et al., 2007. Chapter two continuous physical properties of cored marine sediments [M]//Developments in marine geology. Amsterdam:Elsevier:63-98.

[543] STOW D A V,2005. Sedimentary Rocksin the Field:A Colour Guide[M]. London: Manson Publishing:320.

[544] SUCHANEK T H,1985. Thalassinid shrimp burrows: ecological significance of species-specific architecture[C]//Proceedings of the 5th International Coral Reef Congress,Papeete,Tahiti:205-210.

[545] SUTTON M D, BRIGGS D E G, SIVETER D J, et al., 2001. An exceptionally preserved vermiform mollusc from the Silurian of England[J]. Nature, 410(6827): 461-463.

[546] SUTTON M D, 2008. Tomographic techniques for the study of exceptionally preserved fossils[J]. Proceedings biological sciences, 275(1643):1587-1593.

[547] SWINBANKS D D, MURRAY J W, 1981. Biosedimentological zonation of boundary bay tidal Flats, Fraser River delta, British Columbia[J]. Sedimentology, 28(2): 201-237.

[548] SWINBANKS D D, LUTERNAUER J L, 1987. Burrow distribution of thalassinidean shrimp on a Fraser Delta tidal flat, British Columbia[J]. Journal of paleontology, 61(2):315-332.

[549] TAMAKI A, 1988. Effects of the bioturbating activity of the ghost shrimp Callianassa japonica Ortmann on migration of a mobile polychaete[J]. Journal of experimental marine biology and ecology, 120(1):81-95.

[550] TAYLOR A M, GOLDRING R, 1993. Description and analysis of bioturbation and ichnofabric[J]. Journal of the geological society, 150(1):141-148.

[551] TAYLOR D R, LOVELL R W W, 1995. High-frequency sequence stratigraphy and paleogeography of the Kenilworth member, blackhawk formation, book cliffs, Utah, USA[M]//Sequence stratigraphy of foreland basin depositsoutcrop and subsurface examples from the cretaceous of North America[M]. [S. l. ]: American Association of Petroleum Geologists:257-275

[552] TAYLOR A M, GOLDRING R, GOWLAND S, 2003. Analysis and application of ichnofabrics[J]. Earth-science reviews, 60(3/4):227-259.

[553] TEAL J M, 1958. Distribution of fiddler crabs in Georgia salt marshes[J]. Ecology, 39(2):185-193.

[554] TESKE A P, 2005. The deep subsurface biosphere is alive and well[J]. Trends in microbiology, 13(9):402-404.

[555] TESSIER B, REYNAUD J Y, 2016. Contributions to modern and ancient tidal sedimentology[M]. Chichester:John Wiley & Sons, Ltd:35-60.

[556] THOMSEN E, VORREN T O, 1984. Pyritization of tubes and burrows from Late Pleistocene continental shelf sediments off North Norway[J]. Sedimentology, 31 (4):481-492.

[557] TROJAN M D, LINDEN D R, 1998. Macroporosity and hydraulic properties of earthworm-affected soils as influenced by tillage and residue management[J]. Soil Science Society of America Journal, 62(6):1687-1692.

[558] TSCHINKEL W R, 2003. Subterranean ant nests:trace fossils past and future? [J]. Palaeogeography, palaeoclimatology, palaeoecology, 192(1/2/3/4):321-333.

[559] UCHMAN A,2001. Eocene flysch trace fossils from the Hecho Group of the Pyrenees,northern Spain[J]. Beringeria,15:3-41.

[560] UCHMAN A,2004. Phanerozoic history of deep-sea trace fossils [M]//The Application of Ichnology to Palaeoenvironmental and Stratigraphic Analysis. London:Special Publication,228:125-139.

[561] UCHMAN A,PERVESLER P,2006. Surface lebensspuren produced by amphipods and isopods (crustaceans) from the Isonzo delta tidal flat,Italy[J]. Palaios,21(4): 384-390.

[562] UCHMAN A,2007. Deep Sea Ichnology:development ofmajor concepts[M]//Trace Fossils:Concepts,Problems,Prospects. Amsterdam:Elsevier:248-267.

[563] UCHMAN A,HU B,WANG Y Y,et al.,2011. The trace fossil diplopodichnus from the lower Jurassic lacustrine sediments of central China and the isopod armadillidium vulgare (pillbug) lebensspuren as its recent analogue[J]. Ichnos,18 (3):147-155.

[564] UCHMAN A,ÁLVARO J J,2021. Non-marine invertebrate trace fossils from the Tertiary Calatayud-Teruel Basin,NE Spain[J]. Spanish journal of palaeontology,15 (2):203-218.

[565] VEDEL A, ANDERSEN B B, RIISGARD H U, 1994. Field investigations of pumping activity of the facultatively filter-feeding polychaete Nereis diversicolor using an improved infrared phototransducer system[J]. Marine ecology progress series,103:91-101.

[566] VERMEIREN P, SHEAVES M, 2014. Predicting habitat associations of five intertidal crab species among estuaries[J]. Estuarine,coastal and shelf science,149: 133-142.

[567] VILLANI M G,ALLEE L L,DÍAZ A,et al.,1999. Adaptive strategies of edaphic arthropods[J]. Annual review of entomology,44:233-256.

[568] VIRTASALO J J,BONSDORFF E,MOROS M,et al.,2011. Ichnological trends along an open-water transect across a large marginal-marine epicontinental basin, the modern Baltic Sea[J]. Sedimentary geology,241(1/2/3/4):40-51.

[569] VITTUM P J. VILLANI M G,TAHIRO H,1999. Turfgrass Insects of the United States and Canada[M]. 2nd. Ithaca:Cornell University Press:422.

[570] VOGEL S,ELLINGTON C P,KILGORE D L,1973. Wind-induced ventilation of the burrow of the prairie-dog, Cynomys ludovicianus [J]. Journal of comparative physiology,85(1):1-14.

[571] WADA K,SAKAI K,1989. A new species of Macrophthalmusclosely related to M. aponicus (de Haan) (Crustacea:Decapoda:Ocypodidae) [J]. Senckenbergiana maritima,20:131-146.

[572] WAGONER J C V,BERTRAM G T,1995. Sequence Stratigraphy of Foreland Basin DepositsOutcrop and Subsurface Examples from the Cretaceous of North America [M]. [S. l. ]:American association of petroleum geologists.

[573] WALDRON J W F,1988. Determination of finite strain in bedding surfaces using sedimentary structures and trace fossils:a comparison of techniques[J]. Journal of Structural Geology,10(3):273-281.

[574] WANG J Q,ZHANG X D,JIANG L F,et al.,2010. Bioturbation of burrowing crabs promotes sediment turnover and carbon and nitrogen movements in an estuarine salt marsh[J]. Ecosystems,13(4):586-599.

[575] WANG Y Y,HU B,2014. Biogenic sedimentary structures of the Yellow River Delta in China and their composition and distribution characters[J]. Acta geologica sinica-English edition,88(5):1488-1498.

[576] WANG Y Y,WANG X Q,HU B,et al.,2019a. Tomographic reconstructions of crab burrows from deltaic tidal flat:contribution to palaeoecology of decapod trace fossils in coastal settings[J]. Palaeoworld,28(4):514-524.

[577] WANG Y Y,WANG X Q,UCHMAN A,et al.,2019b. Burrows of the polychaete perinereis aibuhiutensis on a tidal flat of the Yellow River Delta in China: implications for the ichnofossils polykladichnus and archaeonassa[J]. Palaios,34 (5):271-279.

[578] WARREN J H,UNDERWOOD A J,1986. Effects of burrowing crabs on the topography of mangrove swamps in new south Wales[J]. Journal of experimental marine biology and ecology,102(2/3):223-235.

[579] WEISSBERGER E J,COIRO L L,DAVEY E W,2009. Effects of hypoxia on animal burrow construction and consequent effects on sediment redox profiles[J]. Journal of experimental marine biology and ecology,371(1):60-67.

[580] WEISSBROD T,BARTHEL W K,1998. An Early Aptian ichnofossil assemblage zone in southern Israel,Sinai and southwestern Egypt[J]. Journal of African earth sciences,26(2):151-165.

[581] WETZEL A,WERNER F,1980. Morphology and ecological significance of Zoophycos in deep-sea sediments off NW Africa [J]. Palaeogeography, palaeoclimatology,palaeoecology,32:185-212.

[582] WETZEL A,1983. Biogenic structures in modern slope to deep-sea sediments in the sulu sea basin (Philippines)[J]. Palaeogeography,palaeoclimatology,palaeoecology, 42(3/4):285-304.

[583] WETZEL A,1984. Bioturbation in deep-sea fine-grained sediments:influence of sediment texture,turbidite frequency and rates of environmental change [J]. Geological Society,London,Special Publications,15(1):595-608.

［584］WETZEL A，AIGNER T，1986. Stratigraphic completeness：Tiered trace fossils provide a measuring stick［J］. Geology，14(3)：234-237.

［585］WETZEL A，1991. Ecologic interpretation of deep-sea trace fossil communities［J］. Palaeogeography，palaeoclimatology，palaeoecology，85(1/2)：47-69.

［586］WETZEL A，UCHMAN A，2001. Sequential colonization of muddy turbidites in the Eocene beloveža formation，carpathians，Poland［J］. Palaeogeography，palaeoclimatology，palaeoecology，168(1/2)：171-186.

［587］WETZEL A，2002. Modern nereites in the South China Sea：ecological association with redox conditions in the sediment［J］. Palaios，17(5)：507-515.

［588］WETZEL A，2008. Recent bioturbation in the deep South China Sea：a uniformitarian ichnologic approach［J］. Palaios，23(9)：601-615.

［589］WETZEL A，UCHMAN A，BROMLEY R G，2016. Underground miners come out to the surface-trails of earthworms［J］. Ichnos，23(1/2)：99-107.

［590］WHEATCROFT R A，1990. Preservation potential of sedimentary event layers［J］. Geology，18(9)：843-845.

［591］WIGHTMAN D M，PEMBERTON S G，SINGH C，1987. Depositional modelling of the upper mannville (lower Cretaceous)，east central Alberta：implications for the recognition of brackish water deposits［M］//Reservoir Sedimentology.［S. l.］：SEPM Society for Sedimentary Geology：189-220.

［592］WIGNALL P B，1991. Dysaerobic trace fossils and ichnofabrics in the Upper Jurassic kimmeridge clay of southern England［J］. Palaios，6(3)：264-270.

［593］WIGNALL P B，PICKERING K T，1993. Palaeoecology and sedimentology across a Jurassic fault scarp，NE Scotland［J］. Journal of the Geological Society，150(2)：323-340.

［594］WINN K，2006. Bioturbation structures in marine Holocene sediments of the Great Belt (Western Baltic)［J］. Meyniana，58：157-178.

［595］WISSHAK M，JANTSCHKE H，2008. Exceptional preservation of Late Jurassic trace fossils in a modern cave (Mühlbachquellhöhle，S Germany)［J］. Neues Jahrbuch Für Geologie Und Paläontologie-Abhandlungen，249(1)：75-85.

［596］WOOD J D，BODIN S，REDFERN J，et al.，2014. Controls on facies evolution in low accommodation，continental-scale fluvio-paralic systems (Messak Fm，SW Libya)［J］. Sedimentary geology，303：49-69.

［597］WOODS C M C，1993. Natural diet of the crab Notomithrax ursus (Brachyura：Majidae) at Oaro，South Island，New Zealand［J］. New Zealand journal of marine and freshwater research，27(3)：309-315.

［598］WROBLEWSKI A F J，2008. Paleoenvironmental significance of Cretaceous and Paleocene psilonichnus in southern Wyoming［J］. Palaios，23(6)：370-379.

[599] XING L D,LOCKLEY M G,KLEIN H,et al.,2014. The non-avian theropod track Jialingpus from the Cretaceous of the Ordos Basin,China,with a revision of the type material: implications for ichnotaxonomy and trackmaker morphology [J]. Palaeoworld,23(2):187-199.

[600] XING L D,LOCKLEY M G,MARTY D,et al.,2015. An ornithopod-dominated tracksite from the lower Cretaceous Jiaguan formation (barremian-albian) of Qijiang, south-central China: new discoveries, ichnotaxonomy, preservation and palaeoecology[J]. PLos one,10(10):e0141059.

[601] YANG B,DALRYMPLE R W,GINGRAS M K,et al.,2009. Autogenic occurrence of Glossifungites Ichnofacies: examples from wave-dominated, macrotidal Flats, southwestern coast of Korea[J]. Marine geology,260(1/2/3/4):1-5.

[602] YANG B C,CHANG T S,2018. Integrated sedimentological and ichnological characteristics of a wave-dominated,macrotidal coast: a case study from the intertidal shoreface of the Dongho coast,southwest Korea[J]. Geo-marine letters,38(2):139-151.

[603] YIN Z J,ZHU M Y,DAVIDSON E H,et al.,2015. Sponge grade body fossil with cellular resolution dating 60 Myr before the Cambrian[J]. Proceedings of the national academy of sciences of the United States of America,112(12):1453-1460.

[604] YOCHELSON E L, FEDONKIN M A, 1997. The type specimens (Middle Cambrian) of the trace fossil Archaeonossa Fenton and Fenton[J]. Canadian journal of earth sciences,34(9):1210-1219.

[605] ZAHER M,CORAM R A,BENTON M J,2018. The Middle Triassic procolophonid Kapes bentoni: computed tomography of the skull and skeleton [J]. Papers in palaeontology,5(1):111-138.

[606] ZHANG L J,FAN R Y,GONG Y M,2015. Zoophycos macroevolution since 541 Ma [J]. Scientific reports,5:14954.

[607] ZIEBIS W,FORSTER S,HUETTEL M,et al.,1996. Complex burrows of the mud shrimp Callianassa truncata and their geochemical impact in the sea bed[J]. Nature, 382(6592):619-622.

[608] ZONNEVELD J P, GINGRAS M K, PEMBERTON S G, 2001. Trace fossil assemblages in a Middle Triassic mixed siliciclastic-carbonate marginal marine depositional system, British Columbia [J]. Palaeogeography, palaeoclimatology, palaeoecology,166(3/4):249-276.

[609] ZONNEVELD J P,BEATTY T W,PEMBERTON S G,2007. Lingulide brachiopods and the trace fossil lingulichnus from the Triassic of western Canada: implications for faunal recovery after the end-Permian mass extinction[J]. Palaios,22(1):74-97.

[610] ZONNEVELD J P,2016. Applications of experimental neoichnology to paleobiological and evolutionary problems[J]. Palaios,31(6):275-279.

［611］ZORN M E，MUEHLENBACHS K，GINGRAS M K，et al.，2007. Stable isotopic analysis reveals evidence for groundwater-sediment-animal interactions in a marginal-marine setting［J］. Palaios，22(5):546-553.

［612］ZORN M E，GINGRAS M K，PEMBERTON S G，2010. Variation in burrow-wall micromorphologies of select intertidal invertebrates along the Pacific northwest coast，usa:behavioral and diagenetic implications［J］. Palaios，25(1):59-72.